エコカルチャーから見た世界

思考・伝統・アートで読み解く

門脇 仁
［著］

ミネルヴァ書房

まえがき

「理系や文系のワクを超えた話に、とても興味を覚えた」

「コレで決まった。私は将来、環境に関する仕事に就きたい」

七年前、東京理科大学で初めて講義をしたときでした。学生たちから返ってくるリアクションペーパーにそんな言葉を見つけ、私は思わず目を見張りました。

講義内容は、エコシステムを中心とした物の見方、考え方。かつて取材で見聞きした事例や、生態学の歴史から拾いあげた知識をまとめ、私なりの考察を加えて話したところ、予想よりも多くの学生が食いついてきてくれたのです。

一見つかみどころのなさそうなこのテーマに耳を傾け、関心をもってくれる学生たち。彼らはある枠組みをもった考え方について、何らかの受け入れ基盤ができているようでした。私たちの世代にくらべて、単に頭がやわらかいとか、いろいろな情報に目くばりがきくといった違いではなさそうです。

今度は私の方がいたく気になり始めました。彼らの思考方法がわれわれの世代のそれと違うとしたら、どういうプロセスでそうなるのかを知りたいと思ったのです。

それにには年少から年長へと、自分の目で見ていくしかありません。いくつかのエージェントに登録し、いまどきの一〇代とじかに接してみることにしました。栃木県宇都宮市の小学生、東京都青梅市の中学生、千葉県木更津市の高校生という順で、おもに進学指導をおこなっている教室に出講させてもらったのです。

それぞれの期間は数カ月から一年。教科のあいまに環境の話をしながら、私は彼らがどんな物の見方をするのか、気をつけてみました。

するといまどきの一〇代には、ひとつの共通した特徴があることがわかりました。

一例をあげます。栃木県の小学生に、アグリビジネスの話を聞かせたときのことです。

「いまは農家の人たちが、タイムカードを押して会社に通勤し、ビルのなかで作物を作ることもできるようになった。そういう新しいしくみが必要とされる時代なんだよ」

というと、どの子も「えー？　ワケわかんない」ではなく、「それって楽しいよね」という反応をします。農業というものを固定観念でとらえず、かたちを変えながら続いていく産業システムの一類型として受け止めることができるのです。

これはもちろん、あらゆる情報が昔より入手しやすくなったせいもあるでしょう。しかしそれだけでは、知っている情報を部分的につなぎ合わせることしかできません。カラーテレビが普及したばかりの私たちの子ども時代がそうでした。ところがいまの一〇代は、たとえ初めて聞く話であっても、まずその内容について全体像を描き、あとは細部を補強するように個別の情報をあてはめていきます。

つまりこれは情報量の差ではなく、思考プロセスの違いなのです。

どこからそういう習慣が生まれてくるのでしょう。

ひとつにはインターネットの普及が考えられます。コミュニケーションが急速にシステム化・グローバル化したため、情報収集の仕方は一変しました。かつては図書館をハシゴするぐらいしか手段のなかった情報収集が、いまでは小さな端末で、まるで管制塔からレーダーで標的のありかを知るように、ワンストップでできてしまいます。生まれたときから携帯やパソコンといったデジタル機器の備わった空間で育ってきた世代（いわゆる「デジタルネイティブ」）はとくに、システムやネットワークで物を見る習慣が身についています。

しかしそれ以上に注目されるのが、エコシステム（生態系）に対する想像力の伸長です。世の中が地球環境問題への対応を迫られ、環境関連のニュースや話題はいつでも、どこでも飛び交うようになりました。そういう空気のなかで、「一見つながりをもたないような物事も生態系ではつながっている」と考える習慣が、若い人たちのあいだにも根づいてきています。こうした発想は、地球環境の見方にとどまらず、集団における人間関係やコミュニケーションにもあてはまります。さらには文学作品や音楽やアニメといったアートにも、背景にそうしたシステマティックな世界観をもつ作品が増えてきました。

こうしてまさに物心つくころから、現代人はネットワーク社会を生きています。環境と文化の目に見えにくいつながりも、そこを足がかりにすれば誰にでも実感してもらえるのではないか。――私が大学講義で感じたある種の手ごたえも、ここにつながっていました。

この体験をふまえて、私はその後、法政大学で環境文化論のゼミを担当し、人間環境学やキャリアデザインの視点も加えました。また東京理科大学でその後も継続している環境学の講義では、「環境と倫理」「環境と開発」「環境と文化」のテーマを順に取り上げてきました。さらに業界団体のセミナーに呼ばれると、企業の危機管理や適応戦略といったビジネスのヒントも提案するようになりました。

そんないくつかのテーマを束ね、私個人の雑感もまじえたゆるやかな体系としてまとめたのが、この環境文化読本です。決して「環境はこうして守るべきだ」という啓発書ではありません。生態系がそんなにも多くのことを私たちに教え、感動を与えてくれることを実感するための本です。

あらゆる価値が確かさを失い、モラルの基盤さえ揺らいでいる現代社会。そんな正解のない時代に、これからも持続可能な価値を見込める何かがあるとしたら、それはまず足元にある秩序に目を向ける習慣ではないでしょうか。人間の生き方が地球規模の生態系を根本から左右するようになったいま、環境と文化の相互作用を心にとどめ置く習慣は、私たち人間が人間らしく生きるすべにも値すると思います。それはまた、人類が公害や地球環境問題を含むさまざまな失敗を積み重ねて学んだ教訓であるとともに、文明の長い歴史のなかで育んできた尊い知恵でもあります。

本書ではそれを思考、ライフスタイル、伝統文化、アート、生き方の知という五つのテーマで紹介します。各章の扉には、その章でメインに取り上げるキーワードがまとめてあります。さらに本書で取り上げた以外にも、エコカルチャー（環境文化）から見た世界にはさまざまな事象が含まれます。それをできるだけ捕捉するため、巻末には用語解説と環境文化年表を加えました。

ぜひ学生から社会人まで、幅広い年代やジャンルの方々に、多様な用途で本書を役立てていただければ幸いです。

二〇一四年十二月

門脇　仁

エコカルチャーから見た世界——思考・伝統・アートで読み解く【目次】

目次

第1章　いま、生態系に何を学ぶか

——サスティナビリティと危機管理

▶ *This chapter's keywords*

エコシステム　環境文化行動　環境リスク　関係欲求

サスティナビリティ

クイーンの音楽はなぜいまも愛されるのか

この章では
エコシステムの視点に立った物の見方や
思考のアウトラインについて考えます

イギリスのロックバンド、クイーンを知らない人は少ないでしょう。ビートルズやローリング・ストーンズとおなじく、時代を超えて世界中で親しまれているバンドです。浮き沈みの激しい音楽シーンにあって、クイーンが不動の人気を得たのは、「化学結合」ともいわれる四人の個性の力強い結びつきによるものでした。

なかでもクイーンの音楽を際立たせることになったのが、彼らの音づくりの中核を担うブライアン・メイと、パワフルで変化に富んだヴォーカルのフレディ・マーキュリーの二人です。

クイーンのギタリスト、ブライアン・メイはデビュー当時、インタビューで「夢は何か」と聞かれると、「すべての人間どうしの完全な理解」と答えていました。また愛読書には、ヘルマン・ヘッセがナチスドイツからの亡命中に書いた長編小説『ガラス玉演戯』をあげています。

彼には音楽好きの父親がいて、ギターを始めたのも、子どもの頃に父から教わったウクレレ・バンジョーがきっかけだったといいます。一〇〇年前の暖炉の木を使ったことで有名な自作のギター「レッド・スペシャル」の設計にも、この父親が立ち合っています。ブライアンのハードロック・ナンバー「父より子へ」の歌詞や、コミカル・ナンバー「リロイ・ブラウン」に短く挿入されたウクレレ・

バンジョーには、彼の素養を育んだ父への賛辞(オマージュ)が見て取れます。

一方、ヴォーカルとピアノのフレディ・マーキュリー。彼は文官だったイギリス人の父とイラン人の母をもち、タンザニアのザンジバルに生まれ、インドのムンバイに育つという異色の生い立ちを背負っていました。ゾロアスター教徒であり、美術大学でグラフィックデザインを専攻した彼は、白と黒のコントラストに並々ならぬこだわりをもち、アルバムのコンセプトやステージ衣装にも多用しました。もちろんそれは、白色人種と有色人種の混血というみずからのアイデンティティへのこだわりでもあったでしょう。

少年時代、彼は灼熱の太陽の下、自分とおなじイギリスの支配階級による現地人への差別をまのあたりにしています。また本国に移住後の高校では、何らかの理由でいじめも受けています。彼の代表曲「ボヘミアン・ラプソディ」は、人間への愛と憎しみに激しく揺れ動く若者の心情を歌い、音楽面ではロックとオペラの完璧な融合を成し遂げました。のちに英国でおこなわれたアンケート「二一世紀に残したいポップスの名曲100」で、この曲は第一位にランクしています。

私は一〇代前半の頃から、クイーンの音楽をリアルタイムで受け止めてきた世代のひとりです。当時からクイーンの音楽は、ほかのバンドにない孤高の魅力を放っていました。彼らは時代の空気をしっかりとらえていただけでなく、人間の尊厳もしたたかさもわかっている「大人の集団」というイメージがありました。転調を多用した立体的拡がりのある曲調に、重厚なサウンドと透明なハーモニーを重ねていく独自のスタイルには、徹底した美学と世界観が感じられました。

これはいま述べたような背景から生まれてきたものといえます。父から子へ受け継がれたブライア

ブライアン・メイ（左）とフレディ・マーキュリー（右）
（© Carl Lender）

ンの音楽センスには、時代を超えて人々を惹きつける永続性があります。東洋と西洋の血が混じり、いくつもの海を見て育ったフレディの歌声と感性には、欧米、アラブ、アフリカ、アジアといった地域差を越え、男も女も魂を揺さぶられる普遍性がありました。この二人の個性をそれぞれ縦軸・横軸として、時間的・空間的な拡がりをもつ世界観を打ち出したのがクイーンの音楽といえます。そのキャパシティの広さゆえ、時代を超えて世界の人々に愛されているのでしょう。

　どんなジャンルの文化にも、生きた人間を取り巻く世界のヴィジョンが色濃く反映されています。そうした世界観をすくい上げ、最大多数の人々に納得のいくかたちで作品へと昇華させる仕事こそ、クリエーターの真骨頂といえます。クイーンのもうひとつの代表曲で、いまではスポーツの応援歌にも使われるようになった「伝説のチャンピオン」の歌詞中、フレディは「私はそれを全人類への挑戦だと思っている」と語っています。このように、すべての人間を感動させるという壮大な目論見が、クイーンの多くの作品に感じられます。彼らは社会的メッセージを発するタイプのバンドではありませんが、さまざまな失敗も経験しながら成長を遂げた彼らの軌跡そのものに、人間が願望を実現するための手本が示されています。

すなわち、サスティナブルであること。グローバルで普遍的な価値を世の中に提供すること。危機管理を怠らず、一つひとつの問題に対処するインテリジェンスをもつこと。クイーンはまぎれもなく、はじめからこのような行動原則を貫いてきたバンドです。そのことは彼らの経歴、ビジネス戦略、インタビュー記事などからはっきりと見て取れます。さらにこうした姿勢は、エイズによるフレディの死、ベースのジョン・ディーコンの引退、ポール・ロジャースの新加入による再結成などを経て、ブライアンとロジャー・テイラーの二人だけが残ったいまも変わっていないはずです。

成功のヒントはいつも生態系に

音楽シーンに限らず、人間の作りだす環境は、めまぐるしく変化しながらも根底では恒常的な性質をもっています。先が見えにくい時代にあっても、その「不易」と「流行」が噛み合って最適化するところへ向け、ブレずにやっていく。それが成功につながります。

「時代は変わっても、人の心はそんなに変わるもんじゃない。俺たちは若い頃に受け止めた音楽のエモーションを、俺たちなりのやり方で新しい世代に伝えてるんだ」。

フレディが遺した言葉です。まさに彼らのポリシーを伝えています。アメリカはもちろん、本国イギリスにさえ相手にされなかった頃でも、彼らは自分たちのやり方を変えるどころか、一層高い完成度で独特の音楽ヴィジョンをかたちにし、世界の注目を浴びることになりました。

新しいものが世の中に登場するとき、それは決まってナイフの切っ先のように鋭く、奇天烈な外観さえもっています。しかしひとたび多くの人々に認知されると、じつは誰もの心の奥底にある素朴な感情を初めからストレートに歌っていたことがわかってきたりします。

クイーンもそうです。ハードロックの音楽スタイルは一貫して変わらないものの、年季を重ねてワールドロックバンドの風格が備わるにつれ、裾野の広いファン層を獲得するようになり、誰もが足でリズムを取りながら口ずさめるようなわかりやすいヒット曲が増えました。しかしそれは初めから彼らのコアな感性のなかにあったし、これからもそれを表出し続けるはずです。

ギタリストのブライアン・メイはその後、中断していた天文物理学の研究を再開し、若い頃のもうひとつの夢を実現しました。ロンドンのインペリアルカレッジで博士の学位を取得し、天文学者となってからは、リヴァプールの大学で学長まで務めたり、宇宙の進化に関する本を著したりしています。ドラムスのロジャー・テイラーも、やはり若い頃は歯科学や生物学を研究していました。ジョン・ディーコンもチェルシー大学の電子工学科を首席で卒業するほどの逸材でした。彼らのポリシーやビジネス戦略に、ときおり「システムで物を考える」という姿勢が垣間見られるのは、こうした経歴からも疑いえないでしょう。

何が言いたいかお気づきでしょうか。

冒頭に述べた「世界観」や「時間的・空間的なバックグラウンド」は、ひとつの文化を生み出す環境、または文化の生成過程としての環境といえます。また「人間の生きている世界のヴィジョンをどう伝えるか」がクイーンの原点にあったわけですが、これは広い意味での「環境文化」ともいえます。

「ビジネス環境」や「教育環境」といった言葉に見られるように、いまや環境という言葉は、多様な用い方をされるようになりました。しかし、そもそも「環境」は、環境問題やエコロジー活動が人々に知られるまえから、幅広い意味をもっていました。

「環境」にはフィジカル（目に見える、物質的）な意味もあれば、メタフィジカル（目に見えない、形而上的）な意味もあります。いまクイーンの音楽を「環境」になぞらえたのは、後者、つまりメタフィジカルな「環境」としてです。かたや、おなじミュージシャンでもスティングのように、熱帯雨林の保全に向けた活動もおこなっているような場合は、フィジカルな意味での「環境」に直接かかわっているといえます。

本書でまず重点を置きたいのは、このように時間・空間・人間のかかわりをとらえやすくしている物事や思考についてです。全体像は大きすぎて、とてもとらえきれません。ただしテーマをはっきりさせる意味で、その全体像を「エコカルチャー」または「環境文化」という名でひとくくりにしておきます。これはいま述べたように、目に見えるものと見えにくいものの結びつきをとらえる分野なので、慣れない人にはとっつきにくいかも知れません。そういう方には、わかりやすい章から読んでいただければと思います。

そもそも人間が何らかのかたちで環境と「かかわっている」と思えることからして、われわれにはエコカルチュラルな感性（としか当面は呼びようのないもの）が備わっています。フィジカルな環境とメタフィジカルな環境の境界ははっきりせず、「自然環境」といったらフィジカルな環境ですが、「社会環境」といったらインフラストラクチャーや人間関係なども含まれ、もうフィジカルなのか、メタフィジカルなのかの区別はできなくなります。そうであれば、見えるものも、見えないものも、すべて「環境」ととらえた方が理に適っています。

だからといって、すべてを比喩的な意味で「環境」と結びつけてしまうと、せっかく見えてきた事の本質がまた遠のいてしまいます。私がクイーンの音楽を広い意味での「環境文化」と呼んだのは、単なる比喩とは違います。比喩ならばトラッドとか、カントリーとか、もっと直接に自然を感じさせる音楽を引き合いに出したでしょう。

そこで「エコカルチャー（環境文化）」の枠組みをもうすこし補強するため、重点を置きたいのが「生態系」というキーワードです。

生態系とは何か。それは生物を取り巻く大小さまざまな系（システム）のことです。これには生物ではないもの、たとえば水や岩石なども含まれます。この「系」という言葉がわかりにくい人は、「太陽系」をイメージしてください。太陽を中心にたくさんの惑星やそれを取り巻く衛星が集まって、たがいに引力を及ぼしあって動いています。このように、あるしくみをもったまとまりのことを「系」といいます。生態系という「系」におけるしくみには、生物どうしの「食う―食われる」の関係や共生関係、動物や植物の棲み分け、生物がまわりの環境から酸素や水を吸収する活動などがあります。

熱帯魚店へいくと、生態系をわかりやすくモデル化したインテリアを見かけることがあります。密閉した小さなガラス瓶のなかに、小エビ、藻、砂、バクテリア、水が入っています。小エビが藻から酸素や栄養を吸収し、小エビの排出物をバクテリアが分解し、それによってできた栄養分が藻を成長させるというぐあいに、全体でひとつのサイクルができています。日光さえ適切に当ててやれば、この閉じた系のなかで物質の循環が保たれ、小エビも藻もバクテリアも生き続けます。このモデルはＮＡＳＡ（アメリカ航空宇宙局）が考えだしたもので、実際にスペースシャトルや宇宙ステーションにも実験用に運び込まれています。これがまさに、生態系のわかりやすいモデルです。

さて、私たちは誰もが地球生命圏（バイオスフィア）という、複雑で大きな生態系に属しています。目に見える環境も、目に見えない環境（社会制度や倫理体系）も、システムとして見ればこの生態系に含まれています。もちろん人間社会は、栄養やエネルギーを直接にやりとりする生態系とは違いますが、一人ひとりが経済活動やコミュニケーションを通じて関係し合っているシステムとしてとらえれば、やはり生物群集を取り巻くひとつの生態系といえます。

逆にいうと、システムとしての共通項をもたないものを生態系と結びつけることはできません。たとえば最近、ネット社会を生態系になぞらえ、情報社会の進化について語るといった試みがよくなされます。これも両者がシステムとしての共通性をもっているからで、この点をふまえてこそ「ネット環境」という言い方も成り立ちます。システムの視点、とくに生態系という視点をもたなければ、ネット環境と自然環境を比べることはできません。

「変化に適応し、危機管理を怠ることなく問題解決をはかり、サスティナブルであり続けること。そして他者と共有できる価値を提供すること」。

クイーンを成功に導いたこのような行動原則も、四人の個性が「クイーン」というひとつのシステムに自己組織化していくプロセスで獲得されたものです。まさにそれは生態系の教えてくれる知恵にほかなりません。さまざまな環境要素に適応しながら世代交代を続ける生物が、まさに命と引き換えに学んできた法則を、彼らはみずからのキャリアで実践していたのです。

一方的に利益をこうむったり与えたりする「片利共生」より、相互に利益を与え合う「相利共生」の方が生存確率を高める、というような経験則を、生き物は遺伝子情報として受け継いでいます。人間社会でいえば、そうした共生の知は「より多くの価値を提供した者がより長く繁栄する」という、ビジネス全般に共通した鉄則にもあてはまるでしょう。

「それだって一種の比喩ではないか」。

理数オタクの人ならそういうでしょう。もちろん数学の計算や化学式でそのつながりを立証することはできません。しかし認識論のひとつとして、現在、このように身近なもののシステムに着目し、それを生態系に結びつけてとらえる機会が増えているのは、まぎれもない事実です。

なぜでしょう。

私たち人間が環境をシステムとしてつねに意識することは、いまや生態系側からの緊急動議でもあるからです。

現代はレジームシフトの時代

エコカルチャー的な物の見方・考え方
その前提になくてはならない認識とは
「誰もがエコシステムの制約を受けていること」

自然界は厳しい競争社会といわれます。しかし実際には、ムダな争いや闘いをできるかぎり避け、多様な生き物がみずからの生態的地位（ニッチ）を守りながら暮らすことのできる全体最適化のシステムです。

たとえば、齧歯目（げっしもく）に属する動物のビーバーは、アメリカ大陸やユーラシア大陸の水辺に住み、巣作りのためダムをこしらえます。ときには川岸の大きなニレの木を根元から齧り、その木を川に倒して水の流れをせき止め、深くなったところに巣を営みます。生態学では、まわりの自然環境を作り変えて生活に役立てる生き物を「生態系エンジニア」と呼びますが、ビーバーもまさにこうした生態系エンジニアの一種です。

ではこのビーバーのダムは、自然を破壊しているのでしょうか。人間の造るダムと比べて、どんな違いがあるのでしょう。

生態系エンジニアの改変した自然には、改変前よりも多くの生物が住んでいるという研究がありま す。ビーバーの巣作りでも、せき止めたところの川の流れがゆるやかになり、水底に営巣する水生生物なども住みやすくなります。ビーバーに限らず、巣作りのため環境を作り変える生態系エンジニアに共通の特徴は、その自然改変によって、生態系や生物多様性がむしろ豊かになっているという点です。

一方、人間はどうでしょうか。コンクリートや鉄筋のような人工資材を使い、大面積にわたって一律におなじ構造のダムを敷設します。長らく批判されてきたように、こうした従来のダム造りでは、生物多様性の減少を招いてしまいます。ビーバーが人間とおなじように環境を攪乱しながら営巣していたら、自分たちの生きる環境を狭くした結果、またたく間に絶滅していたでしょう。

もとより人間は、多かれ少なかれ、直接にせよ間接にせよ、自然を改変し、生態系に負荷を与えながら生きてきました。これは文明のはじまり以来、人間の背負った宿命です。しかしある程度までは、人間もビーバーとおなじように生態系を破壊しない範囲で生きることができます。危険なのはその一線を越えたときですが、越えないつもりで管理していても、ほかのもろもろの要因が加わって越えてしまうことがあります。

それがレジームシフトです。

たとえば鍋に熱を加え、シチューを温めているところを想像してください。熱を加えすぎるとシチューは煮立ってしまい、鍋からあふれ出します。このときの鍋を生態系、火力を環境負荷と考えれば、中身のシチューが生態系サービスです。加熱をやめれば煮立ちは止まりますが、シチューはあふれ出した分だけ減ってしまっています。鍋底に焦げついたシチューも、もう食べることはできません。鍋のなかの環境が、自然の恵みの低い状態へと体制変化（レジームシフト）を起こしたことになります。

環境負荷による生態系の壊れやすさを示す値を環境脆弱性（vulnerability）といい、逆に環境負荷への耐性のことを環境回復力（resilience）といいます。ふつうは脆弱性が修復能力をうわまわることはありません。ところが現代は、地球温暖化や化学物質による汚染などで、生態系が複合的なダメージを受けているため、脆弱性が思いがけず修復能力をうわまわるケースが生じています。生態系全体のレジームシフトが起こるのはこんなときです。

さらに人間がそれを補うため、近隣の生態系も脅かした場合、レジームシフトの連鎖が始まります。複雑系におけるレジームシフトがどこで起こるかという予測はなかなかできませんが、環境負荷の複合的な影響をある程度、事前に読み解きやすくすることは可能ですし、その必要はますます高まっています。

現代はレジームシフトの連鎖的な反応が起こりやすい時代です。二〇一一年三月一一日の東日本大震災と、それにともなう津波の被害、さらに東京電力福島第一原発の事故では、天災と人災が絡んでこの連鎖が起こりました。こうした社会全体の危機管理の面からも、生態系に学ぶことがいまほど痛切に求められている時代はないといえるでしょう。それは集団や組織にとっても、また一人ひとりの個人にとってもまったくおなじです。

では生態系のどんなところに目を向ければいいのか。以下では続いて、環境と人間の相互作用について考えてみたいと思います。

コップの底に届く光

真っ白いテーブルに、水の入ったコップがひとつ。テーブルは木立ちに囲まれ、枝や葉のあいだから強い日光が差し込んでいます。

木々の根元では、細長い葉が風にそよいでいます。黒い尾をした野鳥のセキレイが、小走りにあたりを駆け抜けます。

どこかの家の庭先ではなさそうです。オープンテラスのカフェというわけでもありません。誰が何のために木立ちにテーブルを置いたのか、いまのところわかりません。

すこし明るさが増してきました。日差しがわずかに移動したようです。木もれ日がコップの水に照りかえされ、あなたの目に飛び込んできます。どうしても気になるその光の方へと、自然に眼差しが向かいます。

音や光や匂いや手ざわり。あるいは温もりや湿気や風や振動。こうした刺激を受け取ると、私たちの脳にはさまざまな情動（エモーション）が起こります。心地いい、美しい、すがすがしい、懐かしい、ウザい、キモいなどです。ただし木立ちに囲まれたテーブルを見て、不快な印象をもつ人はあまりいないでしょう。周囲の景観美にことさら恵まれた土地ではなくても、こうした場所には自然が感じられます。

自然といっても、木立ちは多少とも人間の手が加わっていますし、コップやテーブルはもちろん人工物です。その意味で、ここにあるのは二次自然です。しかし原生自然がほとんど見られなくなったいま、私たちの脳はこうした環境にも生態系を感じ、「癒される」「ゆかしい」「風情がある」などといった受け止め方をするようになっています。

さて、こうして刺激が知覚されると、さまざまな反応が起こります。素通りする人もいれば、立ち止まってテーブルをまじまじと眺める人もいるでしょう。この環境に気をそそられる人は、すでにさまざまな情報をそこから受け取っています。景観にかかわるものだけでも、都市デザイン、造園、土木、自然保護、地域アイデンティティ、地域アメニティ、地域コミュニケーションなどがあります。もちろん商業スペースとしての利用も考えられます。

ある環境情報に人間が反応し、管理や保全や開発をしていくところに、環境と人間の抜き差しならないかかわりが生じる、とはよくいわれることです。その根本にあるのは、いま述べたように生態系を感じる心の働きでしょう。

ここにテーブルとコップの水が置かれているのも、誰かが気まぐれにやったことではないはずです。では、「コップの底が木もれ日を反射するのを見ると、人の心はその空間に固有の環境を感じる」と考えた人が、実験として置いたとしたらどうでしょうか。素通りする人や、もっとよく見ようとテーブルに近づいたりする人の反応をうかがって、この実験の結果を確かめたその人は、次のように結論するでしょう。

「自然が先か、人間の情動が先か。はじめに自然ありきではない。人間の情動が先にあり、自然がそれに影響されることもある」と。

このような順序で人工物が環境に溶け込んでいると思える事例が、世界にはたくさんあります。カンボジアのアンコールワットや、ペルーのマチュピチュ遺跡など、世界の歴史遺産のなかには、人間のイメージしたデザインがそのまま自然環境と一体化しているものがあります。これもまた環境と人間の相互作用による産物であり、環境文化の典型的な実例といえます。

生態系を感じた人間の情動が生態系にフィードバックされるというふうに、心と物のあいだで相互作用をくりかえしながら、人間は生態系とのメタフィジカルなつながりをフィジカルなかかわりに変えてきました。その所産を「環境文化」に含めるとすれば、「生態系は文化を生む資源」といえます。

さらに、コップの底の光のような環境情報に対する私たちの感じ方がもとになった反応や行動は、「環境文化行動」と呼ぶことができます。

環境文化行動――耳慣れない言葉です。

そもそも頭に「環境」がつくまえの「文化行動」というものを考えてみます。それはラスコーの洞窟壁画とか、幸島のサルとか、ホモハビリスといった、文化人類学で一度は聞いたことのある発見とかかわっています。では、狩猟採集のようすを絵に描き残すことや、海水でイモを洗って食べる習慣や、火や道具を使う人間の習性に共通するものは何なのでしょう。ひとまとめにしていえば、それは「自然物に手を加え、暮らしに役立てたり、その価値をみんなで共有したりする行動」です。これがいわゆる文化行動です。

これを環境とのつながりでとらえれば、「環境文化行動」が見えてきます。自然物に手を加える場合、「開発」という意図も、「保全」という意図もともに成り立ちます。人間が環境をより快適なものにするのが開発であり、それによる環境破壊を防ぎ、維持していくための行動が保全です。これには夏の朝の打ち水のような習慣から、組織におけるエコ活動にいたるまで、新旧さまざま、大小さまざまな行動が含まれます。環境文化行動は、次のようないくつかの枠組みによってまとめることができます。

まず、心と環境のつながりが最も目に見えやすいかたちであらわれるのが、私たちの生活の仕方、つまりライフスタイルです。もっとシンプルに、「暮らし方」と呼びかえてもいいでしょう。さらにそうした暮らしを取り巻く社会システム、生産手段、流通機構なども、環境文化行動にかかわってきます。これについては第2章で述べます。

次に、生態系を感じる心によって育まれる倫理観、価値観、美意識や、またそれらによって支えられ、受け継がれてきた制度や伝統的習慣なども環境文化行動と呼べます。これについては第3章で述べます。

さらに、環境とかかわるなかで人々が感じとり、考え、学んだことを伝えていく精神的営みがあります。これには学問や芸術だけでなく、メディアやサブカルチャーも含まれます。また、教育や情報通信といったソフトインフラも含まれます。これについては第4章で述べます。

このように「行動」に注目するところからスタートすると、さまざまな環境文化が見えてきます。それはたとえば、「植林とは何なのか」と考え込むより、実際に苗を植えてみるほうが手っ取り早いのと似ています。

見えてきた自然の体系

電子顕微鏡から
ハッブル宇宙望遠鏡までのスケールで
科学的に統合されてきた地球生命圏のヴィジョンを検証します

そこでこのあたりから、エコカルチャー的な物の見方の話に入ります。

工業デザイナーのチャールズ・イームズというと、シンプルで落ちつける椅子「イームズチェア」を思い浮かべる人もいるでしょう。深く座れるのに姿勢が固定されないため、遠くも近くもリラックスして見ることができます。

機能や快適性だけでなく、このように「まわりの空間とどう溶け合うか」という思想をかたちにしたデザインは、多くの家具に共通しています。イームズの生活空間のとらえ方が、現代人に受け入れられたともいえるでしょう。

そのイームズが妻レイとともに『パワーズ・オブ・テン』という映画を制作したのは、一九六八年のことでした。この映画は、公園のピクニックで昼寝をしている男性を映したシーンから始まります。といってもストーリーはなく、しいていえば視界の変化がストーリーであり、主役です。

最初はわずか一×一メートルしかない視界が、一〇秒後には一〇×一〇メートル、二〇秒後には一〇〇×一〇〇メートルへと領域を拡げていきます。カメラのとらえる景観が、一〇秒ごとに一〇の累乗ずつ大きくなっていくのです。「パワーズ・オブ・テン」というタイトルも、「一〇の累乗」からつ

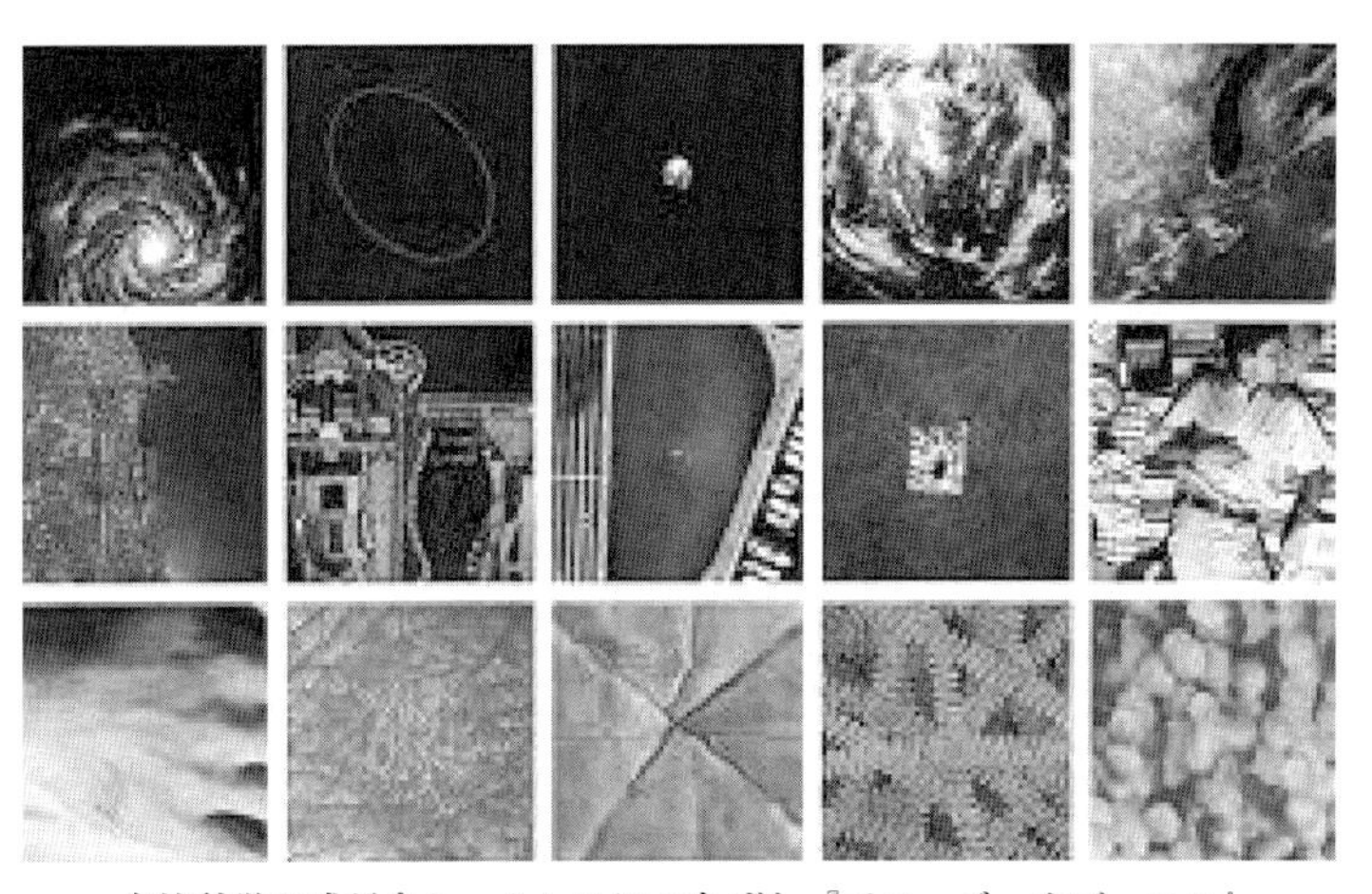

自然科学の成果をシームレスにつなげた『パワーズ・オブ・テン』

（写真：*Powers of Ten a Flipbook* より）

いたようです。カメラはその後もズームアウトを続け、公園、街、州、大陸、地球、太陽系、銀河系というふうに、スクリーンに次々とマクロの展望が開けていきます。

宇宙のかなたまで到達すると、続いてカメラはズームインへ転じます。公園に男性が寝そべっている一×一メートルの映像に戻ったところから、今度は一〇秒ごとに一〇の累乗の倍率でミクロの世界を映し出します。皮膚組織、細胞、核というふうに、人体や物質の構造を次々にとらえ、ついには細胞内の分子、原子、陽子、中性子……。ミクロの世界の果てと思われるところに行き着くと、暗転するようにフィルムは終わります。

この映像は大きな反響を呼び、教育映画にも使われました。

『パワーズ・オブ・テン』が画期的だったのは、「天文学」や「分子生物学」などとバラバラに発展してきた自然科学の成果をシームレスにつなげ、それを一〇分という短い時間に収めることによって、いわば世界をコンパクトに「見える化」したことです。それまでは個々の領域に切り分けられていた自然が、全体のつながりのなかで認識されるようになったのです。この伸縮自在なパースペクティブを日常の生活感覚の延長上のものとして世界に広めた功績は、とても大きいと思います。

その五年ほど前、建築家のバックミンスター・フラーは、『宇宙船地球号操縦マニュアル』という著書のなかで、宇宙的な視点から地球環境をとらえようと提唱しました。いまではおなじみの環境キーワードとなった「宇宙船地球号」です。これは地球の環境収容力や資源など、さまざまな要素の持続可能性を考え合わせた、すぐれてインテグラルな発想から生まれたものです。

また同じ年に生態学者ユージン・P・オダムがまとめたエコロジーのテキストは、『オダム生態学』として知られています。これは、当時までの生態学で明らかになっていたさまざまな基本原理をひとまとめにしたテキストでした。たとえば生態遷移（サクセッション）では、生物群集の変化を動的にとらえる見方が確立されました。また生物地化学循環では、地球規模で循環する物質のトレーサブル（追跡可能）なヴィジョンが得られました。さらにリービッヒの最小法則では、「最も弱い条件が全体を規定する」というしくみも知られることになったのです。

こうして一九六〇年代から七〇年代にかけて、「すべてがつながっている」というコアコンセプトに代表されるエコカルチュラルな物の見方がいくつも現れ、浸透し始めます。さらに「全体は部分の単純な総和ではない」といったシステム科学的な認識も、二〇世紀の新しいパラダイムになりました。

「ニュートンの眠りから護り給え」

物質を原子レベルまで切り分ける発想。正確には最も細かい素粒子レベルまでですが、これは一種の喩えです。ともかく「もうこれ以上細かく分けられない」というところまで、対象を一つひとつの要素に細分化してとらえていく。近代に強まったこのアプローチを、科学史では要素還元主義（アトミック・アプローチ、アトミズム）といいます。

哲学のいわゆるカルテジアン（デカルト派）がこれとよく同一視されますが、それはちょっと違います。要素還元主義や機械論哲学は、デカルトの提示した自然の見方のひとつにすぎません。科学が要素還元主義の性格を帯びだしたのは、いわゆる制度的な科学（大学や研究所のような確立された機構に特化した科学）が技術との相互乗り入れで発展し、あたかも万能であるかのように見られ始めてからです。

一方、個々の要素ではなく、全体の構造や、部分と全体のつながりで対象をとらえていくのが全体観主義（ホーリスティック・アプローチ、ホーリズム）です。このアプローチは、環境と生物の相互作用のなかで生命現象をとらえる学問、すなわち生態学（エコロジー）に典型的に見ることができます。ほかにも気候学や環境工学といった、もろもろの変化とそれらの関係を考え合わせる分野で見られます。

アトミズムとホーリズムには、それぞれ長所と短所があります。本来この二つの見方は、互いに補い合って働くべきものです。ところが近代科学は、ともするとアトミズムだけに頼るきらいがありました。よくいわれるように、木を見て森を見ない。いやもっとひどい場合には、プラモデルやＬＥＧ

〇のように、自然も個々の要素に分解すれば、破壊も再生も自由にできると思い込む。そういうことになりがちでした。

もちろんホーリスティックな物の見方は、イームズやフラーの作品に著されるよりも、ずっと昔からあったものです。たとえば要素還元主義を物理学で発展させた人にニュートンがいますが、ニュートンよりも少しあとのイギリスに生まれた詩人ウィリアム・ブレイクは、「神よ、願わくばわれらを単一のヴィジョンと、ニュートンの眠りから護りたまえ」と述べ、要素還元主義とはまったく違った世界観を提示しています。

とはいえ、全体観主義の物の見方が一般に普及したのは、それが私たちのライフスタイルにすこしずつ溶け込むことによってでした。そしてそのようなスタイルが浸透したこと自体、一人ひとりが地球の空間や環境をわが身の延長上でとらえ始めたということです。ここにエコカルチャー的な感性の推移があったと見るべきでしょう。それがさらに先鋭化したところで、環境のためにヴィジョンや行動を変える必要についての気づきが始まりました。

そもそも、「わける」ことと「わかる」ことは本質的に違います。「わけた」ことで発展してきた近代科学にとって、「わからなかった」ことはいくらでもありました。

たとえば、口からじかに摂取するはずもない重金属（水銀やヒ素など）が、食物連鎖をへて人間の体内に蓄積されてしまう「生体濃縮」。また人類社会はおろか、地球生命圏（バイオスフィア）の存続すら危うくしかねない核の脅威。さらに先進国と途上国の格差から生まれる天然資源の大規模な消失。こうしたことは、従来の科学でも予測できなかったわけではありません。しかし科学の視点があまりに細分化されすぎていたため、見落とされてしまった現実でした。それもかなり長いあいだです。その見落としが産業技術や経済成長のひずみとなって、いたるところに影を落としていたのです。人類がホーリスティックな視野を獲得したというのは、そういう現実にようやく目を向け始めたということでもあったわけです。

「環境の二一世紀」を予見していた人々

それは次第に大きな動きへとつながっていきました。

一九七二年、スウェーデンのストックホルムで「国連人間環境会議」が開かれました。ここで採択された「国連人間環境宣言」は、人間の環境を経済、人口、開発、軍縮などの面から包括的にとらえています。また、ユネスコの「人間と生物圏計画」（MAB計画）のもと、地球生命圏に対する人間活動の影響が科学的に研究され始めたのもこの時期でした。

環境史学者のドナルド・ウォースターは、一九七七年の著書『ネイチャーズ・エコノミー』の「あとがき」で、こうした変化を「エコロジーの時代」というひとことで表しています。ここでウォースターが取り上げた問題は、米国ニューメキシコ州の砂漠でオッペンハイマーがおこなった原爆実験に始まる核の脅威であり、生物学者のレイチェル・カーソンが農薬の生態系影響のくわしいデータをもとに明らかにした公害でした。ウォースターは、こうした問題が科学技術の誤った発展によって導かれたことをまず指摘します。しかも同時に、その科学の一分野である「生態学」が、科学技術の誤用を回避する方向へ導くという、彼自身のいう「強烈な逆説」と遭遇することになりました。

エコロジーを利用した浮ついたプロパガンダや、逆にエコロジーへの懐疑的な見方は、すでにこの頃から、いやもっと昔からありました。ウォースターは、それらの動きとは注意ぶかく一線を画しています。彼は今日の「エコブーム」のような軽いノリで「エコロジーの時代」を唱えたわけではありません。一八世紀を「理性の世紀」と呼ぶように、二〇世紀後半以降の人間・自然・社会を包括的にリードする決定的な概念として、「エコロジーの時代」という言葉を選んだのです。

時あたかも米ソ冷戦のさなかで、全面核戦争の脅威も叫ばれていました。またベトナム戦争では、生態系全体を永久に根絶やしにしようとする化学兵器「エージェント・オレンジ」が米国によって撒かれるなど、戦争による環境破壊がすでに現実のものとなっていました。

エネルギー資源の将来が危ぶまれ始めたのもこの時期でした。「地球資源は有限である」という認識は、大量生産・大量消費・大量廃棄の経済を根本から見直す動きにつながっています。エルンスト・フリードリヒ・シューマッハーは、著書『スモール・イズ・ビューティフル』のなかで、「世界的規模で石油の奪い合いが起こり、石油価格が急騰することになるだろう」と、いわゆるオイルショックを予見していました。そしてエネルギー消費を減らすだけでなく、地域の産業と「中間技術」（途上国向けの適正技術）を開発することや、現代人の価値観を量から質へ、成長から進歩・進化の方向へと転換することなどを呼びかけました。

「正義は真、勇気は善、節制は美とむすびつく。一方、知恵はある意味でこれら三つの徳をすべて含んでいる」。

シューマッハーは『スモール・イズ・ビューティフル』の結びでそう述べています。まぎれもなく古代ギリシアの真・善・美の理想になぞらえたものです。知はそれら三つの徳を統率する位置づけにある、と彼は説いているわけですが、その知とは決してキレイごとでも韜晦でもありません。いわば「資源の有限性を知る」という知であり、「足るを知る」という「知」でした。

これは「大は小を兼ねる」、「大きいことはいいことだ」という当時の流行とはまったく逆行しています。小さく欲し、小さく生産し、小さく消費し、足るを知る。『スモール・イズ・ビューティフル』（小さいことは美しい）というタイトルが示すように、節度をもって欲は小さく、視野は大きく生きようとする意志と欲求を人間の美意識にまで高めることが、シューマッハーの狙いでした。

こうして、ウォースターやシューマッハーが今日のエコカルチャーの思想的な基盤形成にたずさわったことは明らかです。くりかえしますが、それは机上の空論ではなく、人間の活動に起因する環境変動との抜き差しならないかかわりをもっていました。文化とかカルチャーというと、あたかも社会の大勢には影響しないような響きがあります。しかし文明や科学技術が誤った方向へ行きかけたとき、それを抑止するうえで決定的な働きを担うのが文化なのです。

地球儀の見方を変えた二〇年

「いや、永久ではない。遅くとも太陽の寿命が尽きる六四億年後、早ければ明日にでも、人類は地球に壊滅的な損傷を与える可能性がある」
（タイム誌）

とはいえ、世界の人々の物の見方が社会的な意味でも変わってきたのは、もうすこしあとの八〇年代末頃からでした。

一九八九年一月、アメリカの『タイム』誌は地球の写真を表紙に掲げました。過去一年間で最もニュースになった人を取り上げるという毎年恒例の「パーソン・オブ・ザ・イヤー」に代えて、このときは「プラネット・オブ・ザ・イヤー」と題し、危機にさらされた地球が年初の顔に選ばれたのです。いうまでもなく地球環境の激変と、それによって急速に高まった世界的な環境論議を受けてのものでした。

「ひとつの世代が去ると、もうひとつの世代がやってくる。しかし大地は永久にそこにとどまる」。特集「プラネット・オブ・ザ・イヤー」で、冒頭に引用されている旧約聖書「伝道の書」の言葉です。しかし記事の冒頭で、いきなりこの言葉は否定されます。「いや、永久ではない。遅くとも太陽の寿命が尽きる六四億年後、早ければ明日にでも、人類は地球に壊滅的な損傷を与える可能性がある」。地球の期待余命が短くなっている根拠として、人口爆発、気候変動、砂漠化、生物多様性の減少などがこれに続きます。それは単なる文明批評ではなく、人類が大地に対して抱いてきたヴィジョンの崩壊を告げ、持続に向けてべつの選択を迫るものでした。

その三年後に開かれた「国連環境開発会議」（リオ・デジャネイロ）、いわゆる地球サミットは、先ほど述べた「国連人間環境会議」（ストックホルム）から二〇年ぶりに世界の首脳を集めた会議であり、歴史上最大の環境イベントとなりました。このストックホルムからリオまでの二〇年というのは、開発、外交、貿易など、さまざまな国際テーマが地球環境とのかかわりでとらえられるようになった時期でした。世界地図を塗り替えるようないくつかの変化も同時に起きています。

そのうちの主なものを以下に五つあげてみましょう。

（1）まずそれまでの公害に加え、地球規模の環境問題がクローズアップされてきました。
気候変動、オゾン層破壊、生物多様性の減少などです。公害の多くは地域規模であり、被害者と加害者の立場がはっきりしています。それに対して地球環境問題は、バイオスフィア全体が影響範囲であり、一人ひとりが日常生活でよく使うものが原因物質となることも少なくありません。いわば誰もが被害者にも加害者にもなり得るという構造がそこにあります。

たとえばフロンガスが地上から数十キロも離れた成層圏でオゾンを破壊し、それが皮膚がんのリスクにいたるというメカニズムは、つとに知られています。そういう切迫した状況を知り、それをきっかけにバイオスフィアをイメージできるようになった人も少なくありません。これは「全体に目を向ける」「部分（個体）と全体（生態系）はつながっている」ということが、地球環境問題という負の教訓を通して実感されるようになったということです。環境想像力のスケールが拡がったといっていいでしょう。

（2）この時期に「持続可能な開発」が唱えられるようになりました。

一九八七年、のちのノルウェー首相、ブルントラント女史を中心とするメンバーにより、国連内に「環境と開発に関する世界委員会」が組織されました。この委員会が、『Our Common Future』（われら共有の未来）という報告書のなかで提唱したのが「持続可能な開発」（サスティナブル・ディベロップメント）です。その定義は「将来世代のニーズを満たす能力を損なうことなく、現在世代のニーズを満たす開発」というもので、具体的な政策の柱として、人口、食糧安全保障、生物種と遺伝子資源、エネルギー、工業、住環境などへの対応が盛り込まれていました。

ここで気をつけたいのは、エコロジーではなく「サスティナビリティ」（持続可能性）という場合には、環境だけでなく、人口や資源や経済はもちろん、教育やヘルスケアなど、地球規模の持続的発展に寄与するあらゆるものを同時に見ていかなければならないということです。いくつもの軸を複合的に噛みあわせ、社会の動態をとらえるシステムダイナミクスのアプローチです。この時期、科学者や経済学者などからなる国際団体のローマクラブは、マサチューセッツ工科大学にこのアプローチでのコンピュータ・シミュレーション作業を委託し、その結果を一九七二年のレポート『成長の限界』で発表しました。それは「人類がこのまま進めば、数十年以内に地球上の成長は限界に達するだろう」という予測でした。持続可能な開発の科学的なバックボーンはここにありました。

またその結果、「地球は将来世代からの預かり物」というわかりやすい標語も生まれました。環境倫理学でよくいわれる「世代間倫理」も、このような考え方です。これはその後、各国の環境法や循環型社会法といった法制度の基盤にも大きな影響を与えることとなります。

（3）国際政治の動きとして、冷戦の終結がありました。

忘れられがちなことですが、これはチェルノブイリ原発事故がきっかけです。あの未曾有の大事故によって窮地に立たされた旧ソ連は、「計画経済に環境問題はあり得ない」と突っぱねてきた姿勢を改め、情報公開（グラスノスチ）に踏み切りました。言論・思想・出版といった文化的な制約が解かれ、民主化へと移行しだしたのです。ソビエト連邦の崩壊とともに、米ソ全面戦争の危機が事実上なくなったため、ようやく環境問題が世界的な解決課題として浮上してきました。

（4）それまでくすぶり続けてきた先進国と途上国の対立が浮き彫りになりました。

米ソ両陣営の対立がなくなったことで、国際政治の軸が「東西」から「南北」へと一気にシフトしてきたのです。地域や民族の主張も強まりました。過去にもアジア・アフリカ会議や非同盟諸国会議といったかたちで、東西どちらの軍事ブロックにもくみしない「第三勢力」としての結束を見せていた途上国は、冷戦終結後、先進国に対してひとつの強硬な主張を展開するようになります。これがいわゆる「先進国責任論」です。

「先進国責任論」とは何か。途上国の多くは、戦前には先進国が経営する植民地でした。一九世紀後半から産業革命をなし遂げた先進国は、このような植民地から大量の資源を収奪する一方、大量の廃棄物や汚染物質による環境破壊の先例を残しました。いってみれば「環境問題は経済発展のプロセスで生じるもの」という道筋をつけてしまったわけです。そうしたみずからの責任を忘れ、先進国はこれからその道を歩もうとする途上国に対し、環境保全の名のもとに開発の権利を侵害しようとしている、それはきわめて不当であるというのが、この「先進国責任論」の主張でした。

先進国はこれに対して、環境問題の責任は先進国も途上国も共通であるとする「共通責任論」を唱え、公害を出さないクリーンテクノロジーを途上国に技術移転するといった国際協力で対応しようとします。これに対して途上国はさらに、「応分で追加的な資金援助」も求めました。この「応分で」というところにも、「先進国はみずからのやってきたことにふさわしい責任を取るべきだ」という途上国の主張が見て取れます。

(5) 国境の概念が後退し、都市や地域のイニシアティブが強まりました。

とくに地方自治体は、市民にとって最も身近な行政単位であり、住民一人ひとりが一致した環境行動を取りやすいため、環境先進都市と呼ばれる自治体が率先的な事例を残すようになりました。またそれを「ベストプラクティス」として他の自治体が共有するというかたちで、地域間のネットワークが国境を越えて見られるようになります。


こうしたもろもろの変化をふまえて、リオではさまざまな意見調整がはかられました。「持続可能な開発」は、南北の意見調整を象徴する地球サミット最大のテーマでした。とくに気候変動枠組条約締約では、先進国と途上国のあいだで議論が大いに紛糾。五年後の京都議定書のときには、炭素排出量の削減率をめぐる先進国・途上国間での「共通だが差異のある責任」という、苦しまぎれの折衷案が掲げられています。

さらに世界から集まったＮＧＯの発言は、会議のもうひとつの目玉になりました。地域イニシアテイブの時代を反映したスローガン「地球規模で考え、足もとから行動しよう」（Think globally, act locally）は、グローバルとローカルを合わせた「グローカル」という流行語も生みだしました。

いずれもこの時期の急速な意識変化を踏まえてのものです。こうした意識変化が大衆文化やライフスタイルにもたらした変革については、第2章で取り上げることにします。

そして現在、この会議からさらに二〇年が過ぎ、「地球サミットから二〇年目の総決算」がおこなわれたところです。二〇一二年六月にリオ・デジャネイロで開かれた「国連持続可能な開発会議」（リオ＋20）では、生態系を損なうことなしに経済を成長させるという「グリーン・エコノミー」が論点のひとつになりました。ただし、環境と経済の両立というスローガンが政治的な意見調整の一歩手前までいった一九九二年の地球サミットのときに比べ、南北の意見対立はますます拡がっているというのが大方の見方です。気候変動防止についても、生物多様性の保全についても、環境で世界を主導しようとする先進国と、経済開発を優先させたい途上国のあいだで統一の目標を見いだすことができず、なかなか実効のあがらない面が目立ちます。

こうして地球サミット以降を「失われた二〇年」とする厳しい見方が出てきました。

いまはグローバル化の時代といわれていますが、アメリカ主導のグローバル・スタンダードというのは狭義のそれにすぎず、真のグローバル化とは、政治経済のあらゆる選択が地球規模の問題（グローバル・イシュー）につながっていることととらえるべきでしょう。環境は私たちの現実の一部ではなく、私たちを取り囲むすべてです。この認識は、国際社会の再編成にも、世界地図の見方にも、今後ますます影響を与えるでしょう。

リスクをとらえる心のしくみ

リスクを生みだすのは人間
未知の環境リスクに対応するのも人間
それは環境と人間の相互作用が最もあらわになる領域です

さて、物の見方が強い影響を与えるもののひとつに、環境リスクがあります。

私たちはよく、がんのリスクとか、ＢＳＥ（牛海綿状脳症、いわゆる狂牛病）のリスクといった言い方をします。そもそもリスクとは一体何なのでしょう。

望ましくないことの起こる確率と、それがどれくらい望ましくないかという度合い。リスクはこの二つの組み合わせで求められます。これは環境リスク評価にも適用される考え方です。

たとえば、環境中に廃棄された化学物質が原因で死ぬこと。これは望ましくないどころか、是が非でも避けたい最悪の事態です。これをエンドポイントといい、それが一回起こる確率を生起確率といいます。

一方、望ましくないことの重大さ、つまり化学物質でいえば有害性の度合いですが、これは化学物質の種類によって違うので、共通のはかりに乗せて比べる必要があります。このはかりには、寿命がどれだけ縮むか、つまり「損失余命」という基準がよく用いられます。

この「損失余命」を「生起確率」と掛け算することによって、リスクが算出されます。これを生態系にあてはめれば、生態系にとっての「損失余命」とは、ある物事が生態系にもたらす影響、つまり

「生態影響」ということになります。上図のように、米国環境保護庁（ＥＰＡ）の生態リスク評価方法にも、この考え方が採用されています。

　しかし一般の人のリスク認識は、こうした専門家のリスク認識とはかなり開きがあります。数字のうえではリスクがほとんどないとわかっている、それでもなんとなく、その物質を使った製品を買うのはためらわれる。こういうケースはよくあります。

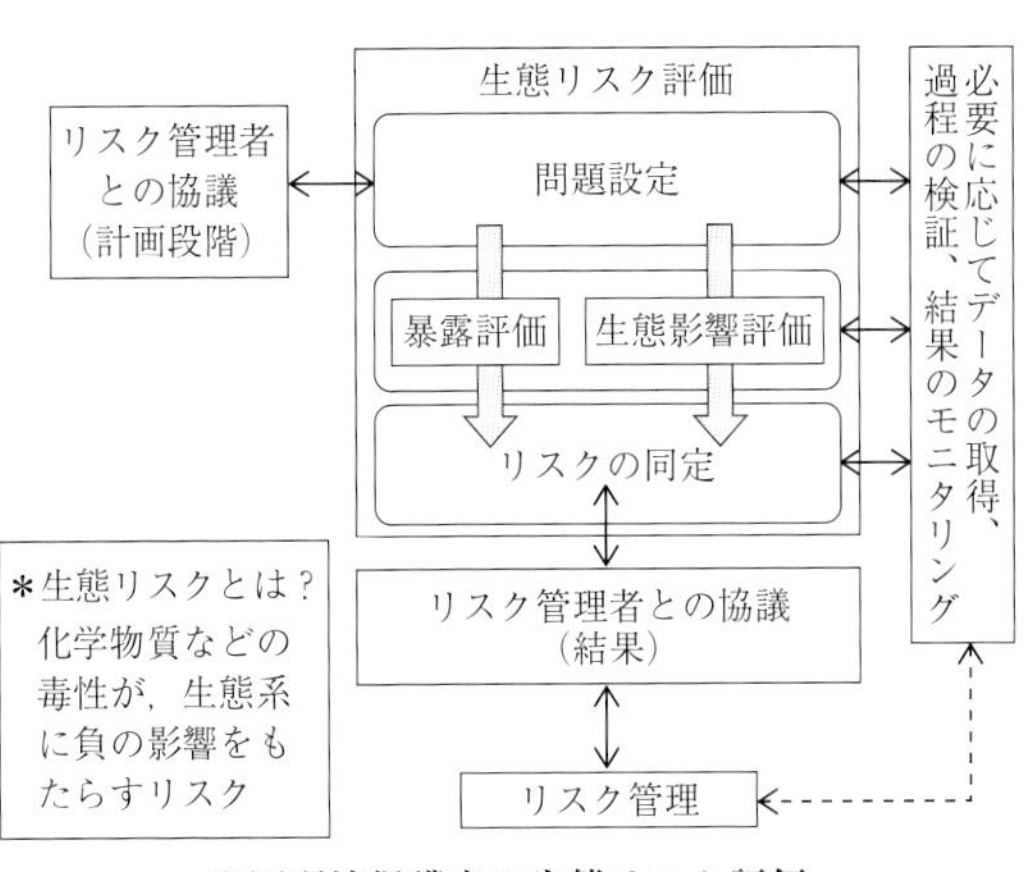

米国環境保護庁の生態リスク評価
（米国環境保護庁の資料をもとに作成）

　専門家はリスクを把握するための動機づけが高く、リスクを評価する科学的知見も十分にあるのがふつうです。しかし一般の人は、そうしたインセンティブも高くなく、知見も十分でないことが多いでしょう。その場合、リスクに関する情報処理の仕方はおのずと違ってくるわけです。また専門家でも、「望ましくないことの重大性とその生起確率の積」などというのを実感として生身で受け入れられる人は、ごく稀ではないでしょうか。

　一般の人がリスクを認知する場合、こうした要素とはべつの二因子がある、という説が知られています。スロビックの二因子モデルです。

　その二因子とは、「恐ろしさ因子」と「未知性因子」です。つまりあるリスクが社会的にどれほど恐れられているかということと、そのリスクが科学的にどれほど未解明であるか、あるいは経過や影響についての情報がどれほど少ないか、などということです。

たとえば「からだに良い」とされてきたものが、あるとき健康被害を生んだ場合、「恐ろしさ」も「未知性」もともに大きく、これは高いリスクとして認識されます。この二因子モデルによるリスクは、新型のウィルスや環境破壊の現れ始めにとりわけ高いレベルを示します。政府発表ではリスクが低いのに、一般消費者の買い控えが起きたりするのも、科学的リスクと一般のリスク認識が異なるからです。そんなとき政府発表のリスクにすこしでも不具合が見つかろうものなら、一般のリスク認識は一気に高まり、とてつもなく過敏なものとなってしまいます。

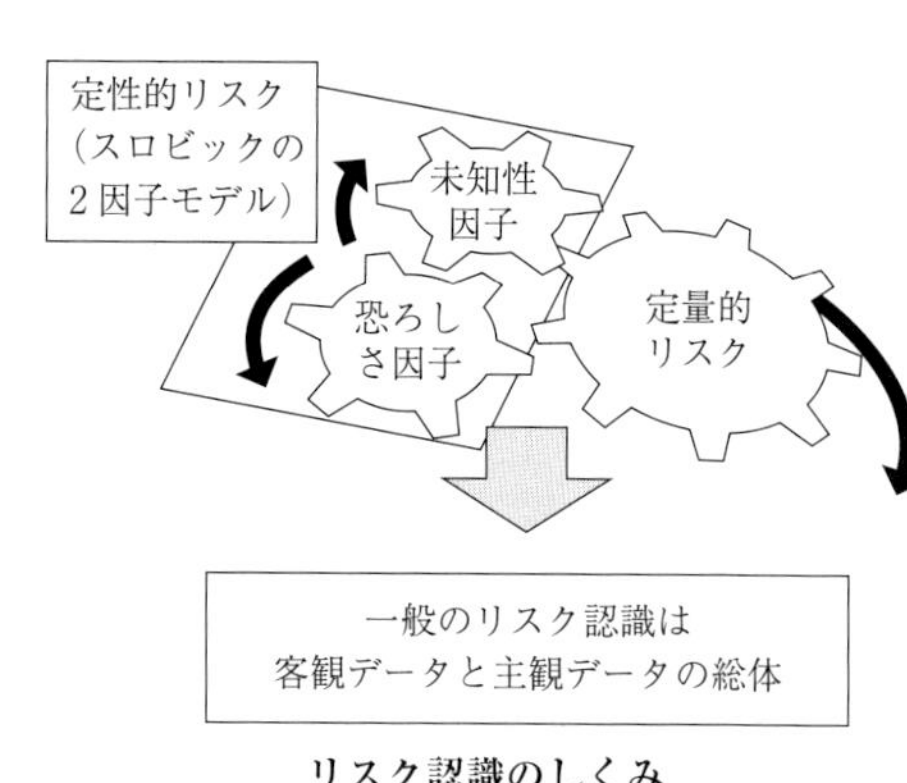

リスク認識のしくみ

もちろん、この一般人のリスク認識は、主観にもとづく評価にほかなりません。つまり噂が噂を呼んで広がる風評も含めて、社会に流布する情報がこのリスクを決定しています。だからこそ、正しい情報を伝える必要があるのです。

つまるところ、リスクを認識するのも、それを左右する情報や価値観を生みだすのも、ともに人間ということになります。「危険」は自然界に初めからあるものですが、「リスク」は人間が決定し、評価し、管理しています。これはちょうど、「電気」はカミナリや電気ウナギにも見られる自然現象だけれど、「電力」は人間が人工的につくり出し、管理しているのと似ています。
二〇〇五年に鳥インフルエンザが猛威を奮ったとき、日本と他のアジアの国々では、社会のリスク認識の度合いがかなり違っていました。日本よりも中国やベトナムの方が、養鶏産業への打撃を危惧する傾向が強く感じられました。また、人間にも感染するＢＳＥについては、ヨーロッパで流行するのが数年早かったせいもあり、日本で危機感がピークに達するまでに、ヨーロッパとの間でかなりの時差がありました。

このことからも、社会経済情勢や文化圏の違いがリスク認識に大きく関与しているというのは動かせない事実です。ここにあげた二因子、とくに「恐ろしさ因子」は、まぎれもなく主観的でエモーショナルな尺度です。しかし、客観的かつロジカルでないからといって、そういうものをリスク認識のバリエーションからはずしてしまうと、むしろその方が非科学的なことになりかねません。

というのも、環境リスクというのは、科学的因果関係がまだはっきりしていないときに最も被害も大きく、これに対する予防的措置はないのがふつうです。かりにひとつの因果関係が見つかったところで、それだけでは説明しきれないケースも少なくありません。いくつかの化学物質による複合的な汚染や、放射線リスクと原発のベネフィットのようにたがいに矛盾する関係（トレードオフの関係）など、複数の対立軸も考えなければなりません。そういったことを総合的に、システマティックにとらえるには、一つひとつの要素の分析や積み上げだけでは行き詰まってしまいます。

科学者がそうした複雑な関係性にメスを入れるとき、まずは「こういう関係が成り立つのでは？」と推論し、仮説を立てます。つまり当たりをつけるわけです。それにはロジックよりも感性で、おおづかみにシステムをとらえる知のしくみが不可欠になってきます。言葉や数字では伝えることのできないひらめきや勘どころ、いわゆる暗黙知も働かせるでしょう。これはもはや、主観だの客観だのといった空虚な線引きを超えた世界です。

この態度はまた、「恐ろしさ」や「未知性」といった領域とも近い関係にあります。「恐れ」は「畏れ」につながりますから、この二因子は見方を変えれば、「未知の脅威に対する畏怖」という、原始社会が自然に対して抱いていた感覚とも共通しています。このような感覚をふりだしに、人間はどうにかして環境変化に適応しようと試行錯誤を重ね、リスクや変化に対応するための文化行動を生み出してきたわけです。そう考えると、一般人がおこなうリスク認識の二因子も、場合によっては専門家のリスク評価と同様、またはそれ以上に本質を衝いたものだということがわかります。

ノーベル賞科学者たちが最も共通に語る原体験は、子どもの頃、自然のなかで遊んだことだそうです。自然への好奇心が、新しい発想のよりどころになったということでしょう。個人の心の働きが自然界の営みと呼応したとき、知性の飛躍的な伸びしろが生まれる、ということを物語るエピソードではないでしょうか。

一人ひとりが日頃から少しでも想像力を働かせ、自然界のつながりに対する意識を高めようとするエコカルチュラルな思考習慣こそ、未知の環境リスクにも対処できる社会の形成につながります。

遅れてやってきた「エコシステムに学ぶ知」

ところでこうした環境リスクのうち、いま世界各地で深刻になっているもののひとつに水危機があります。

二一世紀は「水の世紀」ともいわれます。とくに人口が急増した国々では、飲み水や工業用水が足りなくなっています。アフリカやアラビア半島の砂漠地帯だけでなく、東アジアや北米・中南米などでも、これまでにない渇水が生じています。また工業発展にともない、水質汚濁も進んでいます。

この水危機に対処しようとして開発された技術のひとつが、海水をまったくの真水に変える技術、すなわち海水淡水化技術です。地球上にある水のうち、淡水資源は二・二五パーセントにすぎません。裏を返せば、海水資源は九七パーセント以上もあるわけですから、これをなるべく低コストで真水に変えようという逆転の発想です。

これはいまに始まったアイディアではありません。海水淡水化は、すでに紀元前三世紀のエジプトでもおこなわれていました。海水を熱して蒸留する方法です。大量の海水を蒸発させるので、もちろん燃料もたくさん使います。それでも中近東には水が少ない代わりに油田が豊富なので、製油所などに併設された施設では、現代までこの方法がおこなわれてきました。

とはいうものの、石油のストックはすでに底が見えています。そこで蒸発法に代わる、省エネ型の方法が必要になってきました。そのため開発されたのが、逆浸透膜による海水淡水化技術です。

その原理は簡単です。名前のとおり「浸透」の逆を行うので「逆浸透」といいます。この方法には、水を通過させ、塩分は通過させない半透膜が使われます。真水と海水をこの半透膜で仕切ると、両方の塩分濃度を均一にしようとして、真水が海水側へ流れ込みます（図Ａ）。すると浸透圧によって、海水面が下から上へ持ち上がろうとします。このとき、逆に海水を上から下へ押し下げる圧力をかけてやれば、海水の方から水分だけが半透膜を通過し、真水の方へ移動します（図B）。これが逆浸透です。

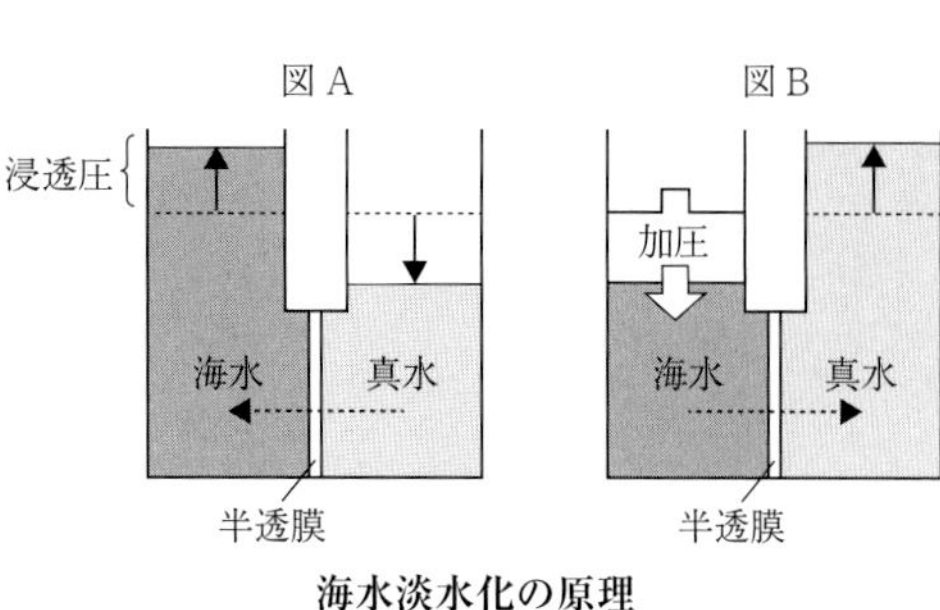

海水淡水化の原理

要は圧力をかければいいのですから、小型の手押しポンプ式装置でもできてしまいます。『太平洋ひとりぼっち』の著者で海洋冒険家の堀江謙一氏が、一九六二年にヨットのマーメイド号で太平洋単独渡航に初成功したとき、船内には手押しポンプ式の海水淡水化装置が積まれていたそうです。いまでは太陽電池式の装置がこれに代わり、船舶や離島での非常用造水器として使われています。

逆浸透膜の技術は、一九五二年にフロリダ大学のリード教授が提案し、一九六〇年にカリフォルニア大学のロブやスリラージャンといった研究者によって実用化されました。この技術を使って、いま砂漠地帯のアラブ首長国連邦では、毎日一七万トン以上の真水が海水からつくられています。日本でも沖縄県や福岡県の海水淡水化施設で、海水から四〜五万トン以上の真水が生産されています。

私は数年前、化学の学会誌の仕事で沖縄県北谷町（ちゃたんちょう）の海水淡水化センターを取材したことがあります。

沖縄本島ではよく水不足が起こります。これを解消するために設立されたのが海水淡水化センターです。亜熱帯で雨も多い沖縄に、なぜ水不足が起こるのでしょう。確かに沖縄本島の年降水量は、全国平均よりもかなり多めです。ただし地形が急峻なので、降った雨はすぐ海へ流れてしまうのです。貯水用のダムは本島北部を中心に九カ所あるものの、梅雨と台風が過ぎれば雨はめっきり少なくなります。台風シーズンが終わった時点でダムが満杯になっていないと、断水の恐れがあります。沖縄本島は県民の約六割を占める人口密集地域であるため、島民一人が使える水量は全国平均の六割にすぎません。

海水淡水化の技術は、この陸水系の水の不足を補うことになりました。六三本のモジュールで構成されるユニットが八基稼働し、海水を濾す膜には芳香族ポリアミド複合膜が使われています。沖縄では観光をはじめとする産業が伸びているため、これからもますます水需要は増えると考えられていますが、ともあれ膜技術の進歩で実現したこの「水工場」によって、海人の水の悩みがかなり軽減されたことは事実です。

ところで、この北谷町から一〇キロと離れていない本島北部に、屋我地という島があります。ここには野鳥や水生生物の宝庫といわれる干潟があり、マングローブが生い繁っています。緯度的に見て、ここはマングローブが生育できる北限といわれています。海水淡水化センターを取材した直後にこの島も訪れた私は、干潟でマングローブ（オヒルギダマシ属）の生態を観察しました。

マングローブは、海水を吸い上げて水分だけを体内に取り入れ、塩分を葉の裏側から出しています。このとき気づいたのですが、マングローブが海水を真水に変える原理は、ちょうど私が見てきたばかりの海水淡水化技術と同じものでした。違うのは、淡水化プラントでは人工の膜が使われるのに対して、マングローブでは生体が使われるという点だけです。

もともと逆浸透膜は、ブタの膀胱膜をヒントにして生まれたものです。つまり生体膜を模倣することから出発しています。その意味ではマングローブの葉も、海水淡水化装置の生きたお手本のようなものです。いってみれば沖縄には、海水淡水化をおこなう二種類の「プラント」（植物と工場）が並んで存在していたわけです。

このように、人間が生物や自然のしくみから新しい科学技術のヒントを得ること（生物模倣）は、昔からおこなわれてきたやり方です。人類が自然から学んだ技術やシステムは、私たちのまわりにいくらでもあります。

ルネサンスの芸術家レオナルド・ダ・ヴィンチは、手記のなかで「コウモリを解剖してそれを丁寧に研究し、この型にもとづいて機械を組み立てること」という着想を述べています。実際に彼はコウモリや鳥の筋肉と骨格を丹念に調べ、空飛ぶ乗り物に応用しようとしていました。当時としては奇抜きわまりないアイディアです。しかし後世のエンジニアはごく自然にこれを手本とし、鳥の翼の推進力・揚力・空気抵抗などの研究を飛行機の開発に役立てています。

またダ・ヴィンチと同じく、メディチ家の庇護を受けていた人物に、ベルナール・パリシーというフランスの陶工・博物学者がいます。彼は「この世に農業ほどすぐれた哲学が求められる技術はない」と述べ、自然のしくみと働きに合わせて農機具を改良することをさかんに説きました。このことも自然の模倣がいかに重要だったかを示しています。

現代の循環型社会システムは、「ゴミを減らす、物を使いまわす、再資源化する」という３Ｒ（Reduce, Reuse, Recycle）の考え方で資源を循環させようとするものです。これは物質循環やエネルギー代謝で成り立つ生態系のシステムを結果的に真似たものです。「結果的に」といったのは、生態系システムを社会システムに取り入れたのではなく、むしろ社会システムを生態系システムの中に組み込み直すことが目的だったからです。社会ではなく生態系を主体に考えているわけです。ただし廃プラスチックのような自然分解されない物質は、どうしても社会システムの内部で処理する必要があります。ここに自然生態系というメインシステムと、循環型社会というサブシステムの二重構造があります。

生態系のメカニズムや生物の知恵は、厳しい経営環境にも応用できるというので、近年ではこれをマーケティングや経営に生かそうとする試みもなされています。一見すると目新しいことのようですが、社会というのはもともと自然に適応すべく進化してきているので、これも当然のことといえるでしょう。

ただし、循環型技術やクリーンテクノロジーのような環境関連の技術が生まれてきたのは、先ほど見た公害やオイルショック以降のことです。生産技術の向上や交通インフラの充実などと比べると、環境分野は「自然界から学ぶ」という取り組みにおいて、かなり後発だったといえます。この時間差には、人類が産業発展のあとでようやく環境に目を向け始めた経緯がそのまま表れています。

環境分野には遅れてやってきた「自然界に学ぶ知」。しかし後発の利点は、先行事例の成功や失敗をふまえた効率的なプロセスによって、いきなりハイレベルな成果を見込めることです。とくに次世代型エネルギーとして実用化されているスマートグリッドのように、ネットワーク型のシステムによるイノベーションは大いに期待されています。

生き方のサイエンス

ダーウィンの進化論には、自然環境のなかで生存に適した種だけが選択されるという説、いわゆる自然選択説が述べられています。ランダムな変異（突然変異）によって、生きていくために有利な条件をもった個体が多くの子孫を残し、その形態を受け継いだ子孫が繁栄するという、よく知られた「適者生存」の考え方です。

ではここで、素朴な疑問をひとつ——。

人間の場合、容姿というのはパートナー選びのかなり大事なポイントだと思います。ということは、美形の男女ばかりが生き残り、子孫を残してもおかしくないはずです。ところがそうでない人たち（むろん私もそのひとり）が「自然淘汰」されず、イケメンとイケジョだけの世の中になっていないのはなぜでしょう。

冗談をいっているわけではありません。もちろん美男美女の基準は、時代や地域によっても違います。平安美人を現代につれてきても、彼女に求婚する男性は現れないかも知れません。六本木のホストがサバンナの集落で店をオープンしても、女性客をつかめるかどうかわかりません。そもそもルックスという尺度自体、子孫繁栄のトップ条件というわけでもないでしょう。気配りがあるとか、頭がいいとか、ほかに異性を惹きつける要素はいくらでもありそうです。

生物というのは、決して単一の尺度で適応しているのではなく、さまざまな要素で環境変動に適応しています。首の長さだけがキリンの適応条件ではなかったように、人間の個体にとっても、胃腸が丈夫だとか、生活習慣病になりにくいとか、集団社会での協調性があるとかいった、生存のためのさまざまな要件が存在します。

それでもなおかつ、その時代と地域の流行や美意識に照らして美形であることが最も生存に有利な条件だったと仮定してみましょう。その場合にも、こういうことがいえます。ある条件から見て生存に有利な個体、つまり強い個体が増えすぎると、弱い個体が減りすぎ、強い個体は比較優位が保てなくなります。この世が美男美女ばかりになれば、今度はむしろそうでない人たちがもてはやされるということが起こり得ます。そうこうするうちに大きな環境変動がめぐってくると、またべつの条件が物をいうようになり、それまで最強だった種にとっては生き延びにくい環境となって、最終的には滅びてしまうかも知れません。

つまり、進化や適応というのは弱肉強食へ向かっているのではなく、いかに柔軟に新しい生き方を実践できるかを生態系に学ぶプロセスなのです。

さて、人類がすべての動物のなかで最も繁栄したのは、環境への適応力が最もすぐれていたからだと考えられます。ところがこの場合の適応は、ほかの動物の適応とはだいぶ違った意味合いをもっていました。

自然は長いあいだ、人類にとって畏れの対象であり、征服の対象でした。ときに猛々しく牙を向いてくる自然を相手に生きるため、人間はみずからを自然に適合させつつ、自然を改変してきました。フランスのアナール学派という歴史学派の研究者によれば、人類にとって自然が畏怖の対象でなくなり始め、鑑賞価値や保全価値をもち始めたのは、ルネサンス期の終わり頃のことだといいます。古典文学のなかにも自然賛美の作品が見られることを考えると、これは意外に遅いことのように思えます。

ただ、人々の生活感覚のなかで、自然のとらえ方が緊張からいくぶん緩和へと向かい始めたのがその時代だったといえるでしょう。保全の対象としてとらえられ始めたのはもっと遅く、いまからほんの一五〇年ほど前のことです。

森林を切り拓いて耕地にする。そこに肥料をまいて、特定の生物だけの生育に適した土地にする。こうした作業をおこなう農業も、自然改変のひとつです。英語の culture（文化）の語源はラテン語の cultus（耕作する）であり、フランス語の sauvage（野蛮人）の語源は sylvestre（森の人）でした。人間がほかの動物と違って文化をもつというのは、広範囲に自然を改変する能力があったということにほかなりません。これによって失われた遺伝子資源もあれば、絶滅していった生物も数多くいました。持続可能な産業と思われてきた農業でさえそういう一面をもつのですから、現代の工業生産技術や土木技術にいたっては、自然に対してどれほどの不可逆変化を与えていることになるのか。これはいまだ歴史的検証を経ていない分野のひとつです。

そもそも文化とは、自然のものに手を加え、生活に役立つ価値として共有することをいいます。ここに適応と保全のジレンマがあります。長いあいだ、人間が環境の変化に適応してきた手段は開発でした。そのために技術は進歩し、地球規模の環境負荷を潜在させるレベルにまで達しました。すると今度は、自然との共生が適応の最大要件だったことに気づき、これと開発を両立させる方向性を探しあぐねている。それが私たち人間の置かれた現況です。

まさにそうした急速な方向転換が、ここ半世紀ぐらいで起こっています。

しかし経済利益一辺倒の開発からの方向転換は、一朝一夕にかなうものではありません。たとえば火山国日本にとって、地熱発電は最適な自然エネルギーですが、いままではコストの問題が絡んでなかなか実現できないなど、開発上の問題がありました。火山帯の多くが自然公園になっているなど、保全上の問題もありました。

これまでに人類が獲得してきた適応手段は、すでに「履歴行動」としてDNAに刻まれています。昨日や今日に獲得した「保全の知恵」が、征服という「保身の知恵」に取って代わろうとしても、すぐにはなかなか困難でしょう。

いかに困難だとしても、すでに人類は行動の質を変えていく段階に入っています。環境適応型の文化行動、すなわち環境文化行動に向かってです。

リンクの環をとらえ直す

ここまでに何度か「つながり」という言葉を使ってきました。

生態系に見られる食物網、物質循環、エネルギーの流れ、生存競争、共生などは、ひとことでいえばすべて「つながり」です。これらは社会における価値の流通、企業の競争、情報や行動の共有などとパラレルに位置づけられることがよくあります。

エコシステムと社会システム。この大きな二つのシステムがパラレルだといわれるのは、両者の内部に見られる構造が共通のネットワークをもっており、単なる見かけの類似性とは違うからです。

生態系とネット社会、アリやミツバチといった社会性昆虫の集団と人間の組織集団、生物の進化と社会進化――このように自然と社会がパラレルな組み合わせでとらえられることはよくあります。どの場合も、それぞれの自己制御系や情報伝達系といった系（システム）が比較のポイントになります。システムとしての共通性がなければパラレルとはいえず、ただのメタファーに終わってしまいます。つねに「システムはどこにあるか」と、枠組みを押さえて物を見ることが、エコカルチャーの基本といえるでしょう。

単にメタファーとしてなら、地球を「宇宙船」や「五〇人の村」に見立てることに何の意味があるでしょうか。タイタニック号だろうとシカゴの街だろうと、何でも地球と等置できてしまいます。メディアやコマーシャリズムがよくやるように、「つながり」という言葉を気分的にとらえてエコロジーと結びつけることは絶対に避けるべきでしょう。

そこでエコカルチャー的に見た「つながり」の意味をまとめておきましょう。

動植物を分類体系化した一八世紀スウェーデンの自然史学者リンネは、生態系のつながりを「自然の摂理」と呼びました。英語でいう〝Economy of Nature〟です。ここでいうエコノミーとは、さまざまな構成要素のあいだにいっさいのムダも矛盾も不合理もないことを示す、いわば「天の配剤」のような観念にあたります。

よくいわれるように、エコノミーの「エコ」はギリシャ語の「オイコス」（家）に由来しています。ですからエコノミーとエコロジーは語源がいっしょです。リンネの時代にエコロジーやエコシステムという言葉はまだありませんでしたが、「自然の摂理」には、自然を系（システム）でとらえる物の見方がすでに表れています。

ちなみに日本語の「経済」も、中国の古典に由来する「経世済民」（世を経め、民を済う）という意味をもっています。あらゆる価値を何ひとつ損なうことなく流通させ、全体を最適化するというシステマティックな思考が、ここにも見て取れます。ですから経済は、まさに天の配剤を意味する「自然の摂理」とパラレルです。

次に、一九世紀後半に生まれたエコロジーは、「関係性の学問」として注目されました。これはドイツの生物学者ヘッケルが先ほどの「オイコス」と「ロゴス」（学問）を併せて命名したものです。これに「生態学」という訳語をあてはめたのは、「景観」という言葉の生みの親としても知られる二〇世紀前半の植物学者、三好学でした。

エコロジーの定義は、「生物どうし、および生物と環境のあいだの関係についての学問」です。どこかを基準にして定点的に自然をとらえるのではなく、一つひとつの要素のかかわりや、要素と全体とのかかわりを動的にとらえた最初の学問がエコロジーでした。

たとえば植物の生育実験でも、生態学では「同じ面積に一〇本の苗を植えた場合と、二〇本の苗を植えた場合で、最終的な収量はどう違うか」といったことを問題にします。これは、密植の度合い（個体密度）が変わっても、最終的な収量（生物体量）はつねに一定であること（収量一定の法則）を知るための基礎的な実験です。

いまではあたりまえと思われるかも知れませんが、個体の成長は、つねに全体とのかかわりで変化しています。それを経験から学び、具体的な仮説に結びつけ、実証したのがこの実験です。

さらに生物が社会生活に適応していくための「つながり」として、脳科学や心理学には「関係欲求」というキーワードがあります。

人間は、食欲や睡眠欲といった生理的欲求が満たされても、他者との関係欲求が満たされなければ生きていけません。かなり古い話で、かつ極端な例ですが、神聖ローマ帝国の皇帝で科学に造詣の深かったフリードリヒ二世がおこなった赤ちゃんの実験が知られています。この実験では、赤ちゃんの生理的欲求にはきちんと対応してあげる一方、呼びかけやスキンシップなどを通じた赤ちゃんとのかかわりをいっさい避けました。すると悲惨なことに、赤ちゃんはみな死んでしまったそうです。

心理学者のマズローは「欲求五段階説」のなかで、人は生理的な欲求と安全の欲求が満たされると、次の段階として「所属と愛の欲求」を満たそうとすると述べています。これも関係欲求に相当する概念でしょう。

そもそも生きているということはどのような状態をさしているのでしょうか。

あらゆる物体は、エントロピー増大の法則に従って秩序から無秩序へ変化し、最後は熱死と呼ばれる平衡状態を迎える、というのが熱力学の第二法則です。ところが生物はどうでしょう。それとは逆に、生長するにつれ、より高度で複雑な秩序の状態へと変化します。たとえば動物の筋組織や骨格などの発達にしても、どんどん身体を作り込んでいく変化です。

そのことを「生物はまわりの環境から負のエントロピーを摂取している」と説いたのは、物理学者のエルヴィン・シュレディンガーでした。外界とのエネルギー交換が可能な開放系では、エントロピー増大の法則は成立しない。そのことが生物という開放系にもあてはまるとしたのです。

またこの問いに、「情報の動的秩序の状態である」という答えを出したのは生物学者の清水博氏でした。同氏は著書『生命を捉えなおす』のなかで、生命システムはみずから情報を作りだす能力をもっており、そこには動的秩序を自律的に形成する「関係子」というものが働いていると述べています。そして生きることとは、この「情報の動的秩序の状態」であるとし、そこに生じるさまざまな関係をとらえるみずからの研究を「生命関係学」（バイオホロニクス）と名づけました。

このほかにも、システムにおける「つながり」にかかわる理論は、生命と結びついたものだけでもたくさんあります。さきほど述べたシュレディンガーが、インドの経典ウパニシャドの説く梵我一如の思想に影響されたということを見ても、科学・哲学・宗教・神話といった分類上の枠組みで生命のとらえかたを切り分けることはとうていできなくなります。

ひとつの現象も視点が変わればまったく違う本質を見せる。一見つながっていないものも、こうしたパラダイムシフトを通過してみればつながっている。では私たちは、「つながり」という言葉そのものが「つながって」いる領域を、どこまで拡大解釈すればよいでしょうか。

そこでつながりという話題のしめくくりとして、フランスの社会人類学者クロード・レヴィ＝ストロースが『構造人類学』に述べた「二つの系」という考え方を参照しておきます。

「現在までのところ、われわれは『生きられた系』、つまりそれら自身が客観的実在のはたらきとしてあり、人間がそれについてつくる表象とは独立に、外側から考察できるような系でしか、研究の対象にしてこなかった。（中略）これらの『生きられた系』ではなく、『考えられた系』は、直接にはどのような客観的実在にも対応しない。『生きられた系』とは違って、『考えられた系』は、実験によって検査することができない。（中略）したがってわれわれが、それらを分析するために課することのできる唯一の検査は、第一の型の系、つまり『生きられた系』の検査なのである。『考えられた』系は、神話と宗教の領域に対応する」。

レヴィ＝ストロースのいう二つの系は、いずれも世界認識に欠かせないもので、また「生きる主体としての自己」という定点観測ではとらえきれない関係性も含んでいます。

本書ではもっぱら「生きられた系」としての環境を扱っていますが、文化とのかかわりで具体的な事例のある場合にかぎり「考えられた系」も扱うことにします。

関係を断つ生存欲求

「関係性」というと、人は「つながり」ばかりをイメージします。しかし同様に大切なのは、「へだたり」や「分離」といった、「つながり」とは対照的な行動の意味でしょう。

これはともすると「離別」・「死別」のような、いわば社会的禁忌（タブー）に通じるせいか、「つながり」ほど多くの言及はなされてきませんでした。とはいえ、次の理由から「つながり」にまさるとも劣らぬ意義があります。

そもそも生態系には、個体どうしが関係を結ぶ動きと、それを断つ動きがともに存在します。「つながる」ことと対をなす「わかれる」・「へだたる」があるからこそ、生物は物質代謝をくりかえし、活性化できます。生物の体は生殖細胞の段階から分裂をくりかえして大きくなり、死んだら微生物に分解されることで他の生物の栄養になります。

これは工業技術でも同じです。環境管理ですぐれた業績をあげている自治体や企業は、ごみの分別を徹底しています。廃プラスチックを日本から輸入している中国にいわせると、日本は他国に比べて分別が徹底しているため、日本の廃プラは高価で売れるのだそうです。ちなみに、このような徹底した分別を可能にするのは、決して高度先進技術ではありません。むしろ「中間技術」や「ローテク」と呼ばれるような、こまめな気づきと創意工夫を要するような技術です。

このように、つながる一方で切ったり離したりする行動が物質循環を支えています。もし林業で間伐や枝打ちといった施業を怠っていたら、森林は代謝も風通しも悪く、世代交代もなく、木質化が進みすぎて、ジメジメと病的なものになってしまうでしょう。インド哲学に起源をもつという「断捨離」の思想も、このような自然界の循環とかかわっています。

動物の行動もそうです。親鳥はヒナを守り育てるため、かいがいしく餌を運び、巣づくろいをします。しかし羽の生えそろったヒナが巣立つしばらくまえから、親鳥はヒナに餌を与えなくなります。これに対してヒナは大声で餌をねだったり、親を攻撃することもあります。しかし親は自分の遺伝子をもった子の数を最大にするため、次の子育てに備えて自分の栄養を摂らなければなりませんから、ムダな給餌はしなくなるのです。

人間社会にも、自立や成長のためにおこなわれる一種の分離行動があります。古い人間関係を離れ、新しい社会的成長へとステップアップするときの心情は、「切ない」という日本語にもよく表れています。ほとんどの人は、学校の卒業、職場の人事異動などでそうした経験をもつことでしょう。

ちなみにこの「切」という字には、「磨く」という原義があります。「切なる」「大切」「切実」などに見られるように、日本語ではかけがえのないものを意味するときによく使われる「切」。この字にはいわば、「つながり」と「へだたり」の両義が与えられていることになります。これは関係性を考えるうえで、とても示唆に富んでいます。

人間の親子、とくに娘と親の関係では、依存から自立へ向かうまでの心情はなかなか入り組んでいます。親は息子に対するのとおなじように、娘にも当然ながら社会的自立を期待します。と同時に、女性としての幸せな結婚も望んでいます。ところが娘にとっては、それが二重の負担に感じられることもあり、親と子の葛藤がそこに生じるケースも出てきます。親離れできない子どももいれば、子離れできない親もいて、ここにさまざまなぶつかりあいや、断絶や、きずなの検証が見られることになります。

そしてこれはもちろん、精神的な自立をめざす思春期にもかかわる話です。

少年鑑別所に収容された少年少女たちへのアンケート調査（53～54ページの図）があります（萩原恵三編著『現代の少年非行』の資料をもとに作成）。少年少女の非行が大きな社会問題となった一九八〇～九〇年代のデータです。少年たちがなぜ非行に走ってしまったのか、どうすれば立ち直ることができるのかを知るためにおこなわれた調査でした。親に対してどんな態度を取っているかという質問に対する答えが、いくつかのパターンにまとめられています。

男子で最も多い答えは「親和・信頼」ですが、女子では「両価」です。「両価」とは対立する二つの感情、とくに愛情と憎しみをともに抱くことです。

男子の場合、親を拒んだり、わだかまった感情でとらえたりしていることが比較的少ないという点が注目できます。少年が親に対する敵意ゆえに非行に走るというケースは、近年すこしずつ減ってきているようです。一方女子の場合、父親に対する「両価」の割合も「親和・信頼」と同様に高くなっ

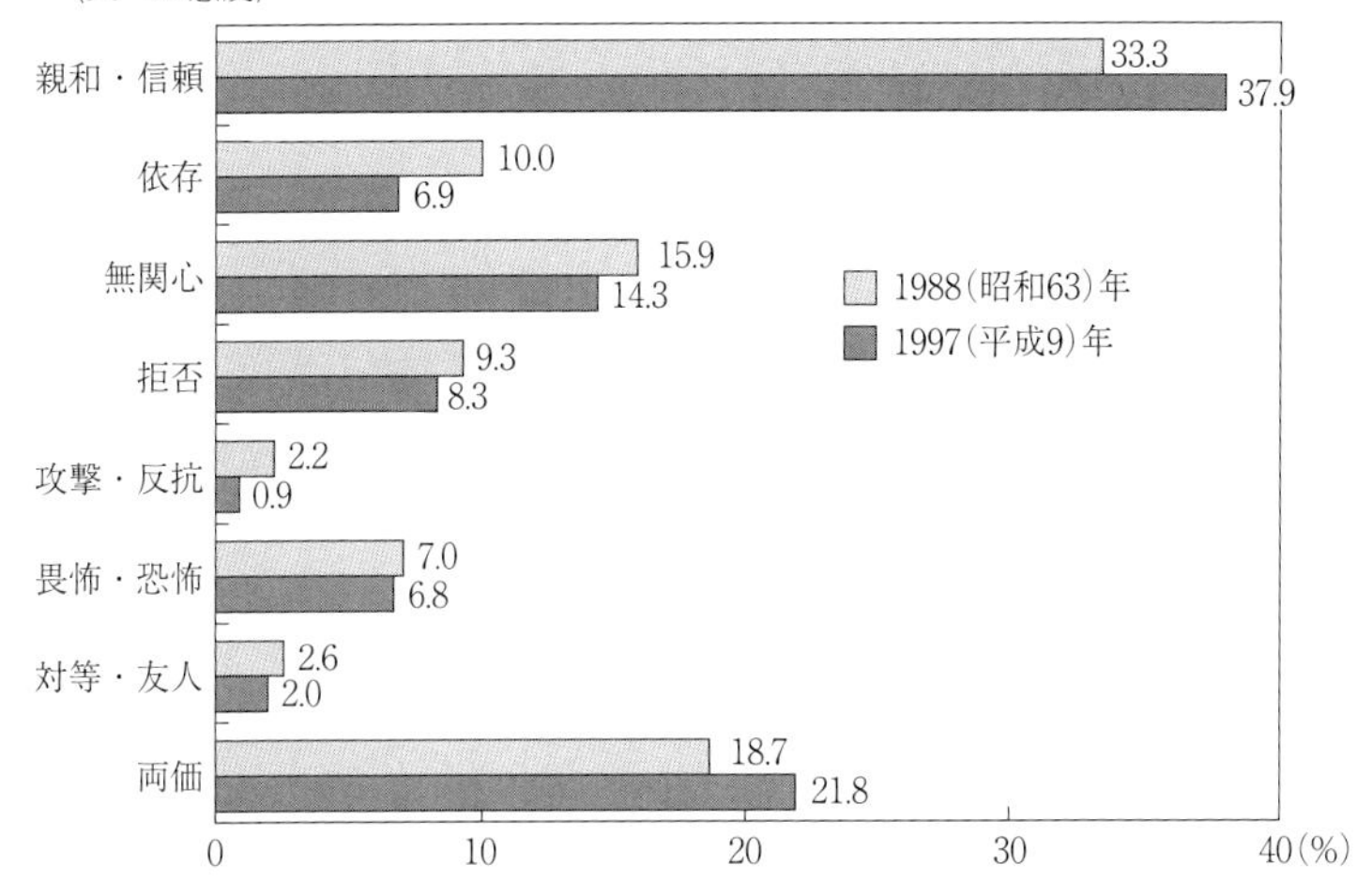

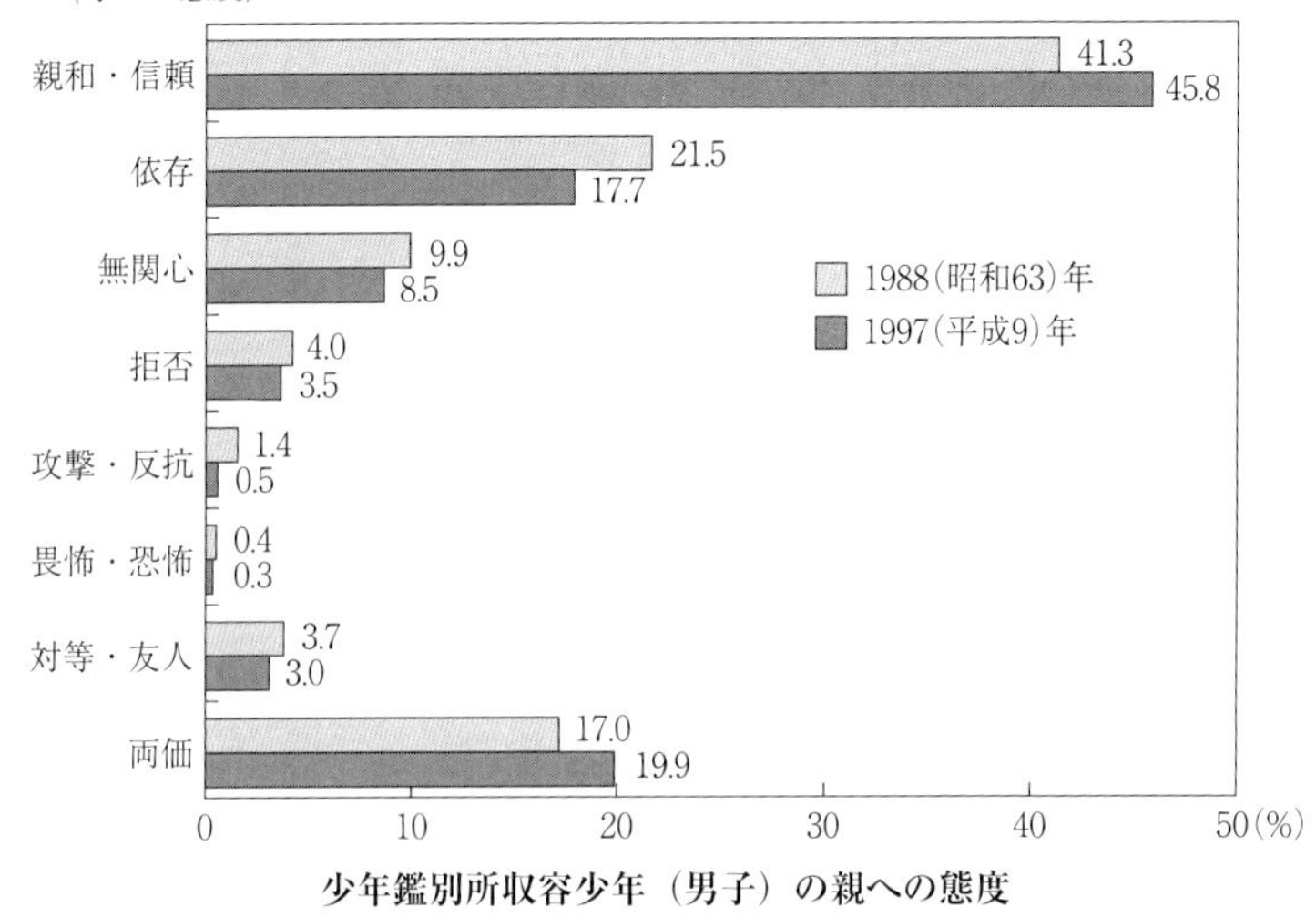

少年鑑別所収容少年（男子）の親への態度

（萩原恵三編『現代の少年非行』より）

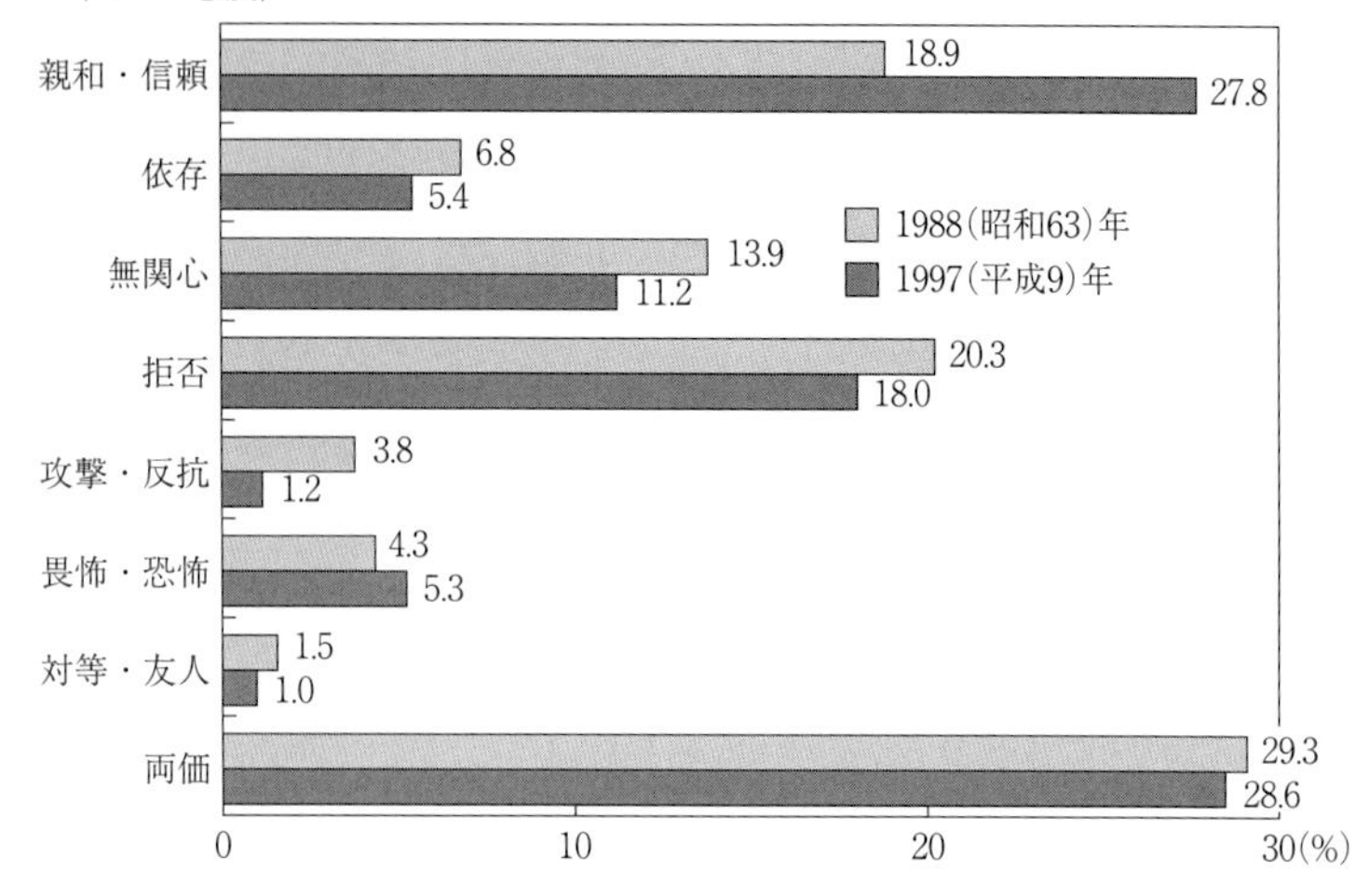

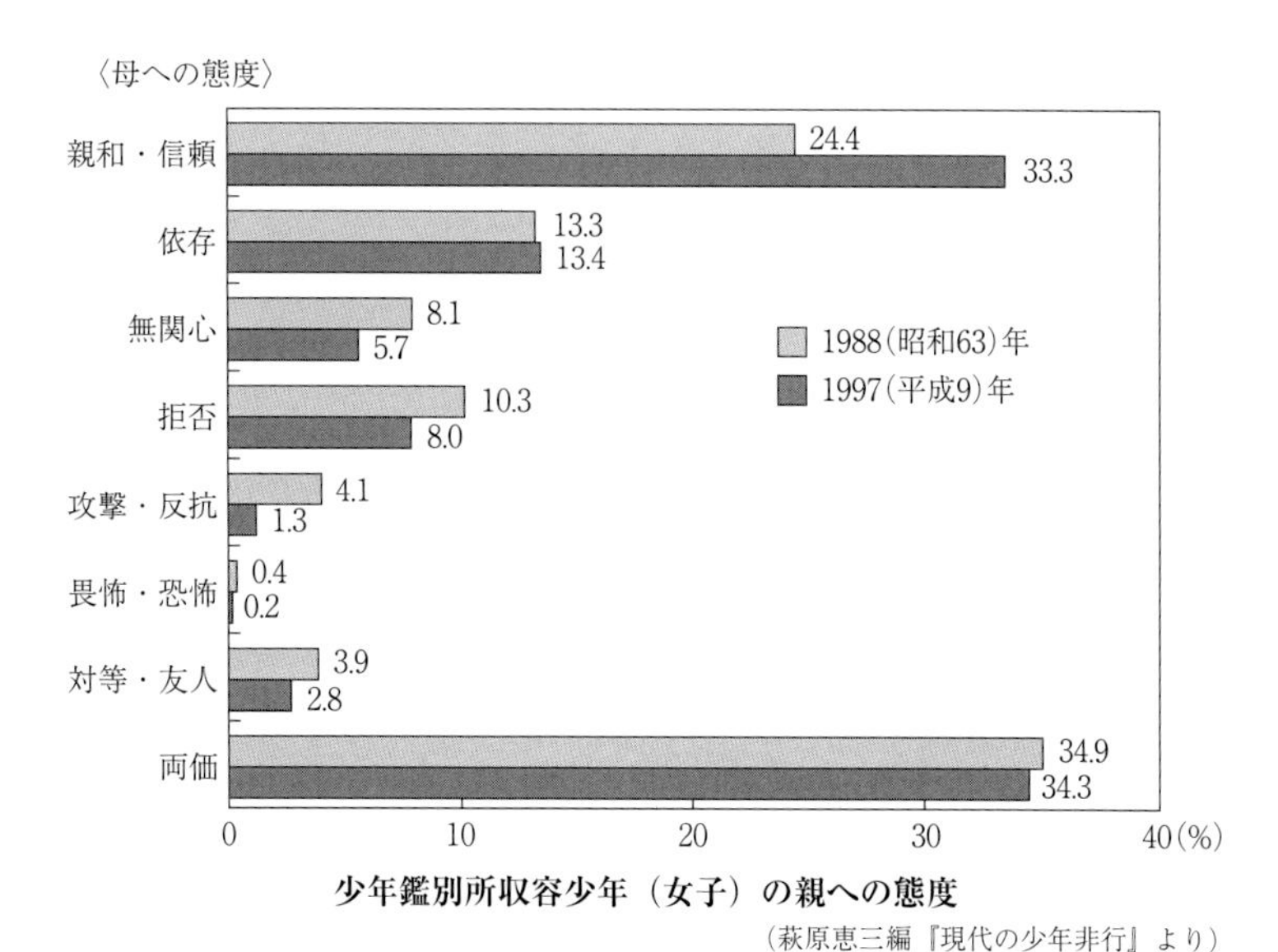

少年鑑別所収容少年（女子）の親への態度

（萩原恵三編『現代の少年非行』より）

ています。これは女子の非行が、家庭の影響を受けやすいことを示しているといえます。

では、なぜ非行に走るまえに親に相談しなかったのでしょう。非行少年を理解し、立ち直らせるための援助を専門としている鑑別技官の見解によると、両親が不和であったり、父親の体罰に悩んでいたりする少年の場合、すでに親との関係に見切りをつけていることが多いそうです。また良くも悪くも理解のありすぎる親をもつ場合には、親に相談するのが申し訳ないという気持ちが働くようです。

非行に走った原因が家庭環境にある場合も、ない場合も、また親への敵意からにせよ、愛情からにせよ、少年たちは親との最適な間の取り方を模索することで、懸命に自立をはかっているように見えます。子どもにとって、家庭は生まれて初めて経験する人間環境です。その家庭環境との「つながり」と「へだたり」に自分なりの折り合いをつけることが、実社会に適応していくうえでいかに大きな意味をもつか。この調査からはそうしたことを考えさせられます。

こうしてあらゆるシステムが、「つながり」と「へだたり」の両義性をもっています。そもそもエコカルチャー的な世界観では、自己と他者という対立的な図式ではなく、全体とのかかわりで個をとらえます。社会においても、他者の抱える問題と向き合うことで自己と出会ったり、「個でありながら同時に全体」という矛盾的自己同一のなかで生きているのが人間だからです。

そして人間は自然に対しても、相反する二つの態度で向き合ってきました。自然を征服し、人間に適応させようとする態度と、自然を守り、これと共生していこうとする態度。自然に対する人間のこうした両面性も、やはり社会システムの変化と密接なかかわりがあります。これについては第５章でふれることにします。

自然の権利闘争

地球規模の環境変動にともなうエコロジー的発想の普及によって、物の見方が拡大し、多岐にわたったことは、私たち人類の感性の推移を促してきました。次いでそれは、「生存」の権利概念を拡げ、多様化することにもつながりました。

たとえば、社会における人間の生存権を、生態系における生物の生存権にまで敷衍してとらえたとき、「自然の権利」というキーワードが生まれてきます。

まず人間にとっての生存権は、人権のひとつに数えられます。しかし人権があたりまえに尊重される社会ができるまでには、王政や封建制の時代から市民社会への移行にともない、多くの血が流された時代がありました。生存権はそうした歩みを経て確立されたものです。とはいえ、生存権の闘いがまだ終わっていない地域もあります。さらに、地球環境問題や公害で生命を犠牲にされている人たちが、世界ではいまも跡を絶ちません。私たちがこのことを無視して生存権を語っているあいだは、他者の生存権に対する認識や想像力がまだまだ不十分ということになります。

次に人間とおなじく、自然物にも生存権があると考えるのが、「自然の権利」と呼ばれているものです。自然物には動植物も、無機的な環境も含まれます。この「自然の権利」と混同しやすいのがホッブズの唱えた「自然権」で、こちらの方は「人間が生まれながらにもつ権利」のことです。

自然権から自然の権利までには大きなへだたりがあります。自然権は人間だけにあてはまるものです。自然の権利はもっと広く、生態系全体にあてはめることをめざしたものです。

たとえばアメリカの法哲学者、クリストファー・ストーンは、「樹木の当事者適格」という論文のなかで、森や海といった自然物に法的権利を与えるべきだという理論を展開しました。ここで一番の争点となったのは、「動植物に生存の権利があるのは認めるとしても、さてそれを人間と同程度に認めるべきや否や？」ということです。ストーンは自然物の虐待に対しては異を唱えましたが、人間の自然利用そのものに反対したわけではありません。人間社会にも、資本家と労働者の関係のように、労働という資源を「利用する者」と「される者」があります。自然利用はそれとパラレルだと彼は考えたのです。

さらに、生存権は空間だけでなく、時間的にも拡大して適用されます。つまり未来の世代の生存権を認めることであり、これがいわゆる世代間倫理です。すでに述べた「地球環境は将来世代からの預かりもの」という考え方がこれにあたります。

もちろん、現在世代が将来世代の生存権を侵しているからという理由で、「将来世代がタイムマシンで攻めてくる」などとＳＦファンタジーまがいのことはいいません。また、世代間倫理への批判のなかにも、「まだ存在していない将来世代とのあいだに、どうやって契約関係が成り立つのか？」という、しごくもっともな意見もあるくらいです。

ただし、視点をすこし過去にずらせば、私たちはもうひとつの事実に気づきます。すでに現在世代は、過去世代からかけがえのない地球を引き継いでいます。持続可能性という言葉が生まれる久しい以前から、幾世代もの先祖たちが、第３章に述べるような種々の伝統的知恵を後世に託してきました。「世代間倫理」を私たちと将来世代だけの契約関係としてとらえ、これを不合理とするのは、こうした従来の「引き継ぎの連鎖」を無視することになります。それはちょうど国際援助が二国間（バイラテラル）でおこなわれるものではなく、多国間（マルチラテラル）でも機能しているのと似ています。

以上のようにさまざまな見地から、生命のとらえ方は拡大され、多様化してきました。『パワーズ・オブ・テン』に代表された想像力の拡張から、自然の権利に見られる権利概念の拡大まで、人類は環境と向き合いながら変遷してきたことがわかります。それにもとづく生態系倫理と新しい社会契約をふまえ、人間と環境のかかわりを持続させているのが環境文化です。

倫理の中心は、古代には神殿、中世と近世には神や絶対的権力者、近代には市民へと移行しました。現代はさらにそこへ生態系の視点が組み込まれつつあります。ただしそこには、ひとつの議論がいつもついてまわります。人間の経済活動を否定したところで生態系を守るべきなのか、それとも規制の社会システムの範囲内でそれをなすべきか、という議論です。

「土地倫理」を提唱したアメリカの生態学者、アルド・レオポルドは、共同体という概念の枠を土壌、水、植物、動物へと拡大したものが土地倫理だといっています。レオポルドはさらにそれを「人間社会の良心を土地にまで拡大したものだ」とも言い換えています。

またノルウェーの哲学者アルネ・ネスは、全体観主義や生物多様性などの七つの原則をもったディープエコロジーを唱え、いわゆる人間中心主義（エゴセントリシズム）から生態系中心主義（エコセントリシズム）への転換を求めました。

ディープエコロジーは、自己実現と生命中心主義的平等という考え方を個人の価値観や生き方に結びつけている点で、かなりエコカルチャー的といえるでしょう。しかし従来の社会経済活動を前提とする環境保護を「シャローエコロジー」（浅いエコロジー）として否定し、生命圏平等主義という原理を貫いたことで、あまりにラディカルな主張になりすぎたのも事実です。ディープエコロジーは大いに支持されましたが、今日の社会には事実上適用し得ない思想として批判もされています。

一方、既成の社会システムに適合させようとした自然の権利については、いくつかの先例が見られます。わが国では、二〇〇一年に判決が出た奄美大島の「奄美自然の権利訴訟」が知られています。ここではアマミノクロウサギ、オオトラツグミ、ルリカケス、アマミヤマシギといった野生動物や自然保護団体が原告となりましたが、判決では原告適格がないとされました。

先ほど述べた公害犠牲者や環境難民の例が示すように、環境問題とは「未必の故意」による生存権の侵害です。まずそれをなくすことが、社会にとっての最優先課題でしょう。さらにその延長上に、自然物の権利も見据えていなければなりません。

エコカルチャー五つの視点

本章の最後に
これまで述べてきた考え方を
環境と生命活動の関係性の視点からまとめます

ではこの章の最後に、ここまでで述べてきたエコカルチャー的な物の見方（生命の関係性のとらえ方）をまとめておきます。

（1）地球資源は有限である。
（2）環境は全体観でとらえる必要がある。
（3）リスクの評価と管理をするのは人間である。
（4）システムの共通性に目を向ける必要がある。
（5）関係性はつながりとへだたりの両義性をもつ。

61ページの上図は、エコシステムと社会システムの関係をとらえたものです。個人は組織や集団の一員であり、組織や集団は国家に属し、国家はグローバル社会に属していますが、グローバル社会といえどもバイオスフィアという、地球上のあらゆる生命を成り立たせているシステムの内側に組み込まれています。ひとことでいえば、ここには「人間社会も生態系の一部」という見方が集約されています。

さらに61ページの下図は、個体（個人）が集まって群集を、組織が集まって社会のシステムを動かしていくなかで、生態系への配慮がわれわれの倫理・価値観・文化に直接浸透していくという、エコシステム社会のあり方を模式的に示しています。目に見える生態系や環境変化が、倫理・価値観・文化といった目に見えにくいものに直接かかわっているという認識が、エコシステム社会を成り立たせています。人間の生み出したシステムを生態系と調和させ、そこに新しい豊かさや充足を見いだして、社会の成熟を実現させることが、これからのエコカルチャーの課題といえます。

個人にとっての安全な生存環境が幸いなことに保障されていても、生態系にとっての限界状況はつねに存在します。そのことへの想像力にもとづく社会的良心が、エコカルチャーの根本にあるべきでしょう。エコロジーというものが生命活動の動態を問う学問である以上、エコカルチャーも単なる理想や情緒的テーマではなく、やはり生命に直接かかわる生々しい現実だからです。

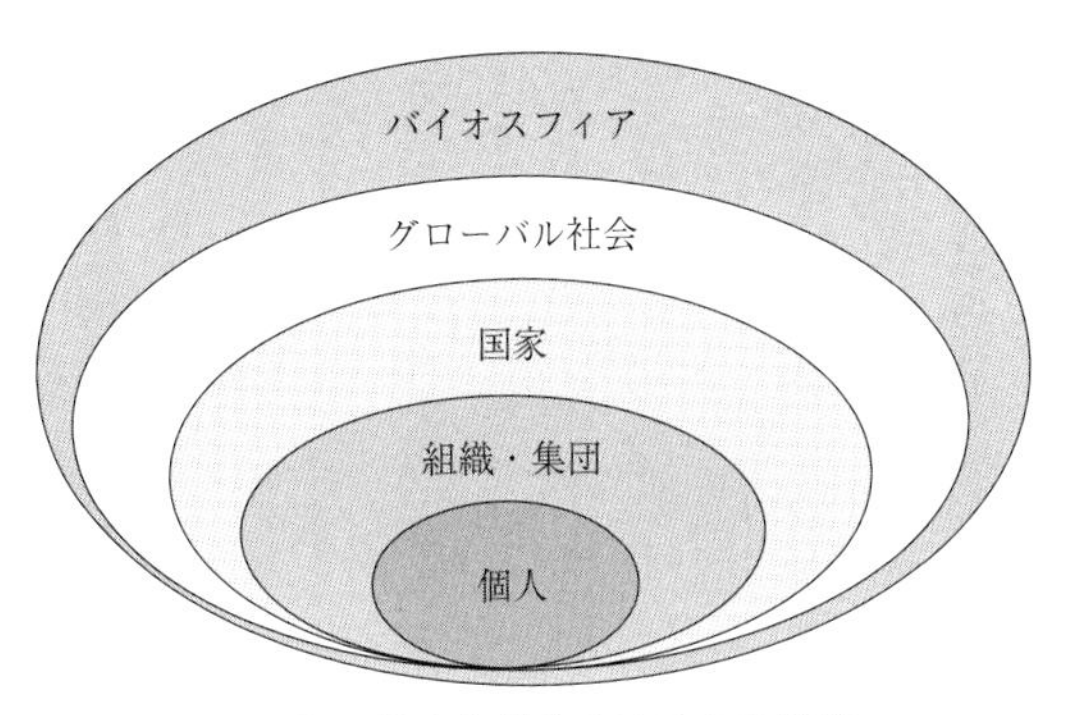

エコシステムと社会システムの関係

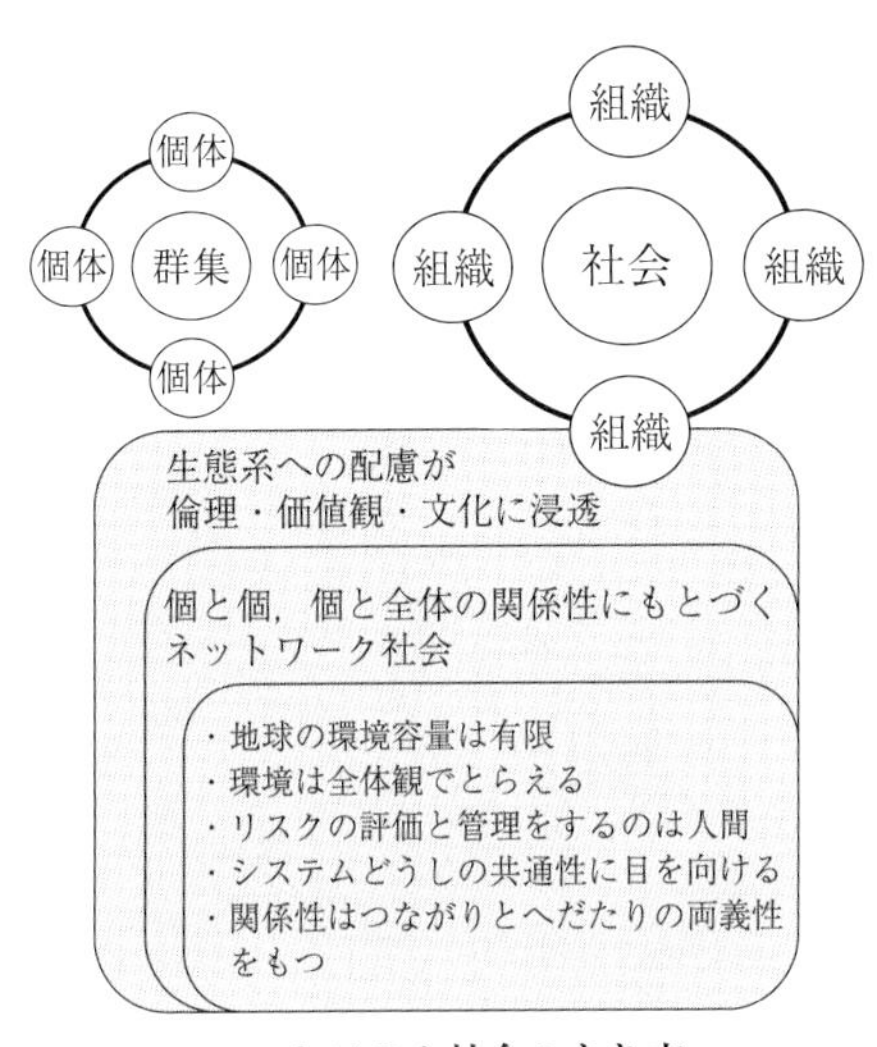

エコシステム社会のあり方

第2章 「暮らす」と「生きる」のあいだ

——成熟社会のライフスタイルとは？

▶ *This chapter's keywords*

ライフスタイル　環境指標　メインストリーミング
コンパクトシティ　脱成長

リサコの幸福な日々

この章では
環境とライフスタイルのかかわりについて考えます
まずはエコライフに恋をしてしまったリサコの物語から

都内のＩＴ企業で働くリサコは、今年でＯＬ二年目。

「仕事にも慣れてきたことだし、ここらでひとつ、自分らしい生活がしてみたいなあ」

と思い始めていました。

ゴールデンウィークをひかえた日曜日のこと。近所のコンビニへ行って一冊の雑誌を手に取ると、

「グリーンコンシューマー」という特集が組まれていました。

「緑の消費者？　ああ、地球にやさしい買い物ってことね」。

グリーンコンシューミングは、環境への負荷をできるだけ抑えた消費活動です。イギリスの民間団体から始まり、ガイドブックが発売一カ月で三〇万部も売れたという話に惹かれ、軽い気持ちで読みすすめるうちに、リサコはすこし興味がわいてきました。無添加の食パン。リターナブル容器を使った飲み物。蛍光増白剤を含まない洗剤。いろいろなこだわり商品の写真を見つめながら、彼女は思いました。

「いま私は一人暮らしで、消費はまったく自由。こだわってみるのもいいかも知れない」。

雑誌を買って家に帰ると、特集のうしろの方に、「グリーンコンシューマー10原則」なるものが出

ていました。「包装のないものを最優先」「作るとき、使うとき、捨てるとき、資源とエネルギー消費の少ないものを選ぶ」などなど。こういうルールは、リサコも日頃からわりあい心がけているので、あらためて意識するほどのこともありません。

なかにはこんな原則もありました。

「作る人に公正な配分が保証されるものを選ぶ」。

これはいったい何だろう。そういえば街で「フェアトレード・ショップ」を見かけたことがある。コーヒーやナッツなんかがウィンドーに並べられてた――そう思い、ネットで調べてみると、フェアトレード品は食品だけでなく、衣類やスポーツ用品など、多岐にわたっていました。

リサコには、新しい生活のイメージがだんだんふくらんできました。

「食にもこだわって、平日のお昼はスローフード・レストラン。丸の内Ｔ食堂のお弁当なんかもいいな。連休にはエコツアーに参加したい。ナチュラルで、スマートで、ヘルシーなエコ生活。コレだ、私の求めていたものは！」

連休中、リサコは富士山清掃のエコツアーに参加してみました。このツアーでは、リサイクルに関心があるという横浜在住のイギリス人青年、マークと出会いました。彼と意気投合したリサコは、東京に戻ってからマークの所属する環境ＮＧＯに加わります。週末はマークといっしょにフリーマーケットでリユース品を売ったり、催し物に参加したりしました。マークが Recycle というときの英語の発音は、「リサーコー！」と自分の名が呼ばれるときの発音に似ていて、「二人合わせてリサイクルマーク……なんちゃって！　これ、もしかして運命？」などとひそかに盛り上がったりもしました。

「パリのエルメスから廃材を使った新作が出た」というニュースや、だいぶまえに聞いた「ハリウッドスターはオスカー授賞式にハイブリッドカーで乗りつける」という話にもマルをあげたくなりました。リサコはかなりミーハーでもあったのです。

そんなわけで三カ月もすると、リサコの持ちもの、行動、考えることはすべて、「エコ」一色にまとめあげられていました。リサコは3Rの考え方を生活文化に生かす「リスタイル」という考え方にも共感し、自分自身を「リスタイリスト」と呼んでみるようになっていたのです。

「最近の若い人は、やることがスマートだねえ。オレなんか若い頃、クルマとゴルフと麻雀のことしか頭になかったよ」。

ある日の昼休み、食事に行こうとするリサコに課長がそう言い、一枚のチラシを見せてくれました。それは最新の社内広報。真ん中あたりのページに小さな囲み記事があって、「社内横断エコキャンペーン――企画段階からの参加者募集！」と呼びかけています。

「どうだい、課を代表してやってみないか？　若い人にうってつけの活動だと思うよ」。

課長はそういい、リサコも二つ返事ですすめにしたがいました。

「こんなかたちで仕事とつながってくるなんて思ってもみなかった。ホントはもうちょっとさりげないエコライフが理想だったんだけど、ま、いいか。こだわれるだけこだわってみよう！」

リサコは上機嫌でフロアを出て行きました。エレベーターのまえでレジ袋を三つもぶらさげた後輩社員とすれ違うとき、歌うようにこんなアドバイスを与えながら――。

「あなたの一度の買い物は、より良い世界への大事な一票なのよ！」

アメリカのグリーンコンシューマー・ガイドブックに書かれていたメッセージの受け売りでした……。

エコひいきの結末

ところがその後、リサコの幸せな日々に暗雲がたちこめました。

エコキャンペーン第一回企画会議でのこと。集まった参加者のなかには、エコリーダーとして広報紙に取り上げられてきた社内有名人の顔もありました。

全員がラフな案を持ち寄ることになっていたため、リサコは勢い込んで三つのキャンペーンを提案しました。

(1)　全社共通エコバッグ・キャンペーン
(2)　省エネ・創エネキャンペーン
(3)　コンパクトシティ見学ツアー

それぞれの案について簡単に述べてほしいといわれ、リサコは次のようにブリーフィングしました。

(1)　エコバッグはいまや常識。課内でメールアンケートを取ったところ、それでもまだレジ袋で買い物をしている社員が六割強もいる。わが社のオシャレでオリジナルなエコバッグをリサイクル素材でつくり、全社員に配布してノーレジ袋を徹底させる。

(2) 省エネは電気料金の節約分として戻ってくるから、どの社でも自主的にやっている。これから大切なのは、太陽光発電や風力発電といった石油代替エネルギーの「創エネ」。これは設備投資も要するので、自社でやるよりも、積極的に取り組んでいる自治体をサポートするほうがいい。これを省エネと組み合わせる。つまり全社の省エネ向上で節減した分の電気料金と、社員食堂の募金箱などで集めたお金を、創エネ自治体に寄付することで社会貢献をはかる。

(3) 国内外で環境配慮型次世代情報システムの取り組みをしている都市を見学し、すぐれたローカルプランを学ぶとともに、当社がシステムエンジニアリング技術でどんな貢献ができるかを探る。

「もちろん、このうちいくつかを組み合わせたハイブリッド案も考えられると思います」。

リサコは得意気にしめくくりました。全員の提案が一段落し、つぎは質疑に移ります。

さっきからリサコを励ますように、にこやかに話を聞いていた資材購入課のX氏が、にわかに表情を硬くし、彼女の提案を一蹴しだしたのはこのときでした。

X氏は次のような反対意見を述べたのです。

「第一案は、わざわざ新しいエコバッグをつくるというところに問題がある。かりに一〇〇〇人分のエコバッグを製造するとして、排出するCO_2はビニール袋二万枚分。もし社員の半分が、せっかくもらったエコバッグを使わなかったらどうなるか。ビニール袋一万枚分のCO_2がみすみす排出される。しかもリサイクル素材を使うとなると、もともとふつうの素材より多くのエネルギーがかかっているから、環境負荷はさらに増す。

一方、世間にはCO_2が温暖化の原因物質ではないという人もいる。地球は温暖化どころか寒冷化しているという人もいる。エコバッグの習慣が二〇年後も続いているかどうかは、はっきりいって疑問が多い。よしんばその点には目をつぶっても、『全社共通のデザインにする』などというのは意味がない。『個人のセンスやオリジナリティを活かせる』という、エコバッグ本来のインセンティブを殺ぐことにもなり、継続性はほとんど見込めない」。

「第二案は、わりあいフィージビリティも高く、すでにやっている企業も多い。CSR（企業の社会的責任）という観点からも、見るべきところはある。ただし、風力や太陽エネルギーなどを『新エネ』とひとまとめにしているところが安直すぎる。当社としてどの新エネにフォーカスするのか。長期的ヴィジョンで持続可能なものを絞り込み、『このような将来見通しで、このエネルギーの普及に貢献します』というポリシーを打ちださないと意味がない。間違った見通しであとあと困らないように、しっかりした裏づけが必要になる。どこかの総研に調査研究を丸投げ委託しているだけでは、単に『エコらしいことをやっています』という安手のPRに終わってしまう」。

「第三案は第二案と違い、本業を生かした社会貢献という点では評価できる。ただし提案者は、まさに当社が今年から次世代情報システム支援事業に着手していることも知るべきである」。

以上がX氏の論点でした。

「というわけで、第三案は『灯台もと暗し』というヤツでしたな」。

X氏はそうフォロー気味にしめくくってくれました。しかしリサコの耳には、何人かのあからさまな失笑もしっかり届いてしまいました。

本当に望んだ暮らしだったのか

あえなく撃沈でした。

環境問題にリサコがまったく不勉強なことがあらわになったうえ、自社の事業全般に対する無知までさらけだすことになったのです。頭のなかは真っ白になり、もう議論のゆくえどころではなくなってしまいました。

よく考えると、Ｘ氏の反対意見の論拠には、リサコが納得できるものも、そうでないものもあります。たとえば、CO_2が温暖化の原因物質かどうかわからないというのも、いまさらお粗末な話です。しかもそれを理由に、社としての態度を決めかねているというのも、「いい大人のくせに情けない！」と突っ込みたくなります。

「地球温暖化へのいままでの会社の取り組みって、世間の風潮に合わせていただけ？　会社のなかに環境のご意見番はいても、専門的な判断をくだせる人は誰もいないの？　そんなんじゃエコキャンペーンなんてできるはずがない。私の案を『安手のＰＲ』って言ったけど、それはいままで自分たちがしてきたことじゃない！」

他人に怒りの矛先を向けている場合ではないのですが、リサコはそういいたくなりました。

この日は残業もそこそこに帰宅。彼女はここ数カ月の自分の行動を思い返しました。

生活をエコで統一しようとしたのは悪くない。不勉強だったのも、これから埋め合わせればいいだけのこと。ただ、本当にいまの生活スタイルを私は貫きたいんだろうか。エコにこだわること。それを私は本当に望んでいたんだろうか。

結論はこうでした。

いつのまにか「エコでなければイケてない」という固定観念にとらわれていた。「あの人はエコの人だから、たぶん自分の生活もきちんとしている」「きっと環境だけでなく、人間に対してもやさしい気配りがある」などとまわりに評価されるのを待っていた――。

すると自分の価値基準までグラついてくるのがわかりました。はじめはただ、自分に二重マルをあげたいだけだった。そういう暮らしが欲しかった。それがどうしてこうなったんだろう。これもやっぱり、自分が幸せを感じることより、他人に「あの人は幸せ」と思ってもらえるライフスタイルが欲しかっただけかも知れない。本当はエコな暮らしなんて不自由だし、やってる人はやせがまんでミエっ張りだと思う。

確かにそうです。制約の多いエコライフなど、興味がなければ無理に始めることも、続けることもないのです。「それにエコを本当にわかってる人なんて、私のまわりに一人もいやしない――」。これもまともな判断でした。組織のなかで環境問題にかかわっている人が陥りやすいのは、環境プロジェクトを立ち上げたという既成事実をつくるだけで満足してしまうことです。詳しいことはすべて外部の有識者まかせにし、自称「当事者」たちは何もわかっていないことも多いのです。

こうなると、リサコの身のまわりで信頼できるエコロジストはただひとり、あのマークだけでした。

リサコはマークに電話しました。

「マーク、ヤバいよ。私、こわれそう。環境のこと考えると、息がつまりそうになる！」
「どうしたんだよ、リサコらしくもない。でもなんとなくわかるよ。君のエコライフには『ヤーヌス』がいなかったからね……」。

コンパクトな豊かさ――外部価値を内部化する

生活スタイルの大部分を決定するのが消費文化
それをエココンシャスなものにするには
「社会的誘因の内面化」が必要です

リサコの物語は、ここでひとまず終えます。これから先は、皆さんがマークだったらリサコにどんなことをいってあげられるかを考えながらお読みください。

マークがリサコにいった「ヤーヌス」とは、ローマ神話で門を守る神のことです。ちなみにヤーヌス（Janus）が一月（January）のつづりに似ているのは、一月が一年のいわば門口にあたることから、ヤーヌスが一月の語源になっているためです。

ヤーヌス神は二つの顔をもっていて、前と後ろを向いています。門の外側と内側を同時に見ている、つまり人間の心の内と外に同時に目がきくので、「言行一致」の寓意にもなります。

海外のビジネスでも、この「ヤーヌス」の名がシンボルとして使われ、「ヤーヌス・プロジェクト」などと呼ばれることがあります。企業が外部に公表しているCSRの取り組みと、実際に組織内でおこなっている取り組みが一致しているかどうかを調べる経営監査のときなどに、こうしたプロジェクト名がつけられます。さらに「ヤーヌス」は、持続可能性そのもののシンボルにもなります。

リサコが行き詰まったのは、文字どおりこのヤーヌスがいなかったためです。

彼女の環境行動が、どれひとつ内面から発したものではないからでした。マニュアル思考の彼女にとって「二重マル」がつく価値とは、みずから実感するものではなく、いつも誰かから与えられるべきものでした。

リサコほど極端ではないにせよ、エコロジーについては多かれ少なかれ、誰もがこうしたもどかしさを抱えているのではないでしょうか。エコを煽るマスコミや企業に同調するかと思えば、環境保全活動への科学的な批判を耳にして「環境問題はウソ」だと感じ、急に何もしなくなり……というぐあいです。つくられたエコブームは、「地球にやさしい」という無意味な商業コピーを作りだしただけではなく、こうした付和雷同な大衆心理も浮き彫りにしていました。

ただ、これには無理からぬ面もあるでしょう。環境のことを考えた近年のライフスタイルは、外部から規定しなければ何も始まらなかったという側面があるからです。

それを最もよくあらわしているのが経済活動です。

たとえば、「市場の失敗」という環境経済の用語を考えてみましょう。資本主義経済では、ふつうは生産者が自由に物をつくり、消費者が自由に物を買えば、社会的利益が増します。ところが生産者が自由に物をつくった結果、公害のように、その経済活動の主体でない人々（たとえば生産工場の地域住民）の健康を損ねる場合もあります。

これは市場メカニズムでは解決されない問題なので、「市場の失敗」となります。そしてこの不利益、つまり経済活動の外部で生じる損失のことを「外部不経済」といいます。この損失を補う費用は、商品価格にはあらかじめ含まれていません。そこで環境税や補助金といった公的な手段で、価格の内部にそれを組み込む必要があります。これが「外部不経済の内部化」です。

このように人間の経済活動の枠外にあるものを内部のシステムに組み入れるというアプローチが始まってから、エコライフは大きく動き始めたという一面をもっています。われわれ一人ひとりの消費行動を、規制的手法や経済的手法でまず外から変えていくというやり方が、これによってようやく緒についたわけです。

低燃費の車を買う消費者は、補助金によって減税の便益を受けます。これは環境負荷を減らすために外側から規定された経済的手法のひとつです。エコカー減税が一定期間をへて打ち切られるのは、補助金がなくてもエコカーを買うという習慣を社会に根づかせるプロセスです。「外部不経済の内部化」になぞらえていえば、「社会的誘因の内面化」といってもいいでしょう。当然、私たちの生活も外部のスタイルからエコ化し、それがいずれ内面にも定着するという方向をたどることになります。

内面からエコを欲するには、何らかの誘因（インセンティブ）がなければならず、それがリサコにとっては、「エコはクール」という思いだったといえます。しかしいくらきっかけがあっても、「内部化」すなわち「社会的誘因の内面化」のプロセスを通過しないかぎり、この「思い」は「思い込み」にすぎません。

エコシステムを経済価値の主流に

さて、いままで経済の主流でなかった取り組みを主流化していくことも、「社会的誘因の内面化」と同様に大切なプロセスといえるでしょう。それは「メインストリーミング」（主流化）という用語で、近年さまざまな報告書に見られるようになりました。

「ＴＥＥＢ最終報告書」もそのひとつです。これは二〇一〇年一〇月に愛知県名古屋市で開催された国連生物多様性条約第一〇回締約国会議（ＣＯＰ10）の最終レポートです。正式名称は「生態系と生物多様性の経済学」（The Economics of Ecosystems and Biodiversity）。生物多様性が損なわれると、私たちの生活にどのような経済的損失があるのかということが、ここにはわかりやすくまとめられています。

このレポートのテーマのひとつは、サブタイトルにも用いられています。「自然の経済学を主流化すること」（Mainstreaming of Economics of Nature）。

ここでいう「主流化する」とは、いままでかえりみられなかった生物多様性保全のコストとベネフィットを経済的価値に換算することによって、社会の主流（メインストリーム）に組み入れて行こうということです。これは気候変動の経済影響を算出したイギリスの報告書「スターン・レビュー」と同じ手法にもとづいて計算されます。

たとえば、昆虫のマルハナバチが人間にもたらす恩恵は、蜂蜜やプロポリスといった直接の産物のほかにもあります。そもそも多くの農作物が、マルハナバチのおこなう花粉媒介によって間接的に支えられています。この両方の経済価値を試算して比べるのです。スイスでは、マルハナバチの一つの巣から得られる直接の産物は二一五米ドルなのに対して、花粉媒介による間接的な産物が一〇五〇米ドル。後者がじつに前者の約五倍もの経済価値を生みだしています。

ではどうやって生物多様性の価値を主流にもってくるのでしょう。これにもやはり、わかりやすい指標（インデックス）となる数値が使われます。TEEBといえば、次のような報告で新聞紙面をにぎわせたのをご記憶の方も多いでしょう。

「生態系破壊と生物多様性減少による世界の経済損失は年間約五兆ドル（約四二〇兆円）」

このような数値はわかりやすい価値の目安として、政策立案者、経営者、土地所有者、社員、地域住民など、あらゆる利害関係者（ステークホルダー）に共通の基盤を与えることとなります。

生態系が人間にもたらす恩恵は、「生態系サービス」とも呼ばれ、これを数値化することで環境を私たちの生活の主流に組み込むことになります。

そもそも「メインストリーミング」は、福祉の分野で使われてきた言葉でした。障碍者と健常者を区別せず、両者を同じ生活環境に置くといった取り組みです。これをさらに広範にとらえ、環境と経済の関係にあてはめたところに、「TEEB」や「スターン・レビュー」のようなアプローチが生まれてきたのです。

そしていまや市場でも、環境価値がメインストリーム化しつつあります。フィリップ・コトラーらは「マーケティング3.0」のなかで、マーケティングの進化について説きました。それはいままでのマーケティングが、製品中心のマーケティング、消費者指向のマーケティング、価値主導のマーケティングという三段階を経てきたというものです。そしてこの第三段階の価値主導のマーケティング（マーケティング3.0）では、創造性・文化・環境といった面での価値創造が組織に求められるとしています。

資本主義経済そのものが転換期を迎えたいま、公益を前提としなければ価値創造の競争に生き残れず、私企業もその存在意義を見失う時代になりました。企業と公益法人の両面をもつ「社会起業家」の台頭にも見られるように、社会や組織が外部の価値を内部化する取り組みは今後もますます進むと考えられます。

これを個人に置き換えるとどうなるでしょう。リサコのように環境価値を内部化し、主流化する必要にようやく気づいたのが現代人だといえないでしょうか。

リサコとマークの物語は、次のひとことでしめくくれるでしょう。もしも私がマークなら、次のようにいってあげると思います。

「もともと環境は僕たちを取り巻くすべてだろう？　それだけじゃなくて、心の満足感を与えてくれる。その環境を良くしたいなら、内と外が本当につながっていなきゃダメなんだよ」。

生活の質はどこで決まるか

では、環境負荷を減らすためのライフスタイル改善と、精神的な満足度の向上は、そもそも両立できるものなのでしょうか。

私たち人間の身体は、きわめて環境依存度が高くできています。

寒さや乾燥など、厳しい環境に耐えられる生物はいくらでもいるのに、人間は決してそうはいきません。わずか数日、コップ一杯の水を切らしただけで死んでしまいます。

ところが文化的に見ると、そのことが逆に豊かな暮らしの知恵をもたらしました。衣食住のバリエーションを生み、風土に合った暮らし方を生み出したのです。寒冷地、赤道直下、島嶼部、山間部などのさまざまな土地に固有の食文化があり、衣服があり、住環境があります。

ライフスタイルとはこのように、そもそも環境面の制約要因があってこそ生みだされたものです。現在、人間が環境を悪化させてきたことへのツケを払わされているのも、やはり環境要件であることに変わりはありません。そうした制約に応じながら、可能な範囲で快適性を追求することが、身体的にも精神的にも満足度を生むことになります。

産業革命からいままでの一世紀半というものは、資源や物資の使用量が極端に増大するという、歴史的に見てもきわめて異質な時代でした。そのことの揺り戻しとして、いま新たに生じている環境要件のひとつが、生活のコンパクト化です。ライフスタイルにおける環境文化は、まずここを起点として考えることができるでしょう。

ひとことで生活のコンパクト化といっても、いろいろなアプローチがあります。まず物資やエネルギーの使用量を減らすこと。それにともなって生じる排出物を減らすこと。空間の効率的な利用をめざすこと。さらに人間の豊かさの基準を、「量の拡大」から「質の充実」へと切り替えることです。

「低炭素」の指標がもつ意味——千代田区を例に

体重計があるとダイエットがしやすいように目に見える指標があると環境配慮を継続しやすい
では、何がどう数値化されているのかを見てみましょう

ここからしばらく、私の住んでいる東京都千代田区のエコライフをウォッチングしてみましょう。日本の行政の中心地でもある千代田区は、80ページの表のような四つのエリアに分けられています。各エリアの特徴をふまえ、区では四一の取り組みを推進しています。同表は、そのうちの代表的な取り組みをまとめたものです。

たとえば二〇〇七年に新しい生活空間としてオープンした新丸の内ビルには、電気自動車のための急速充電スタンドや、壁面緑化、ドライミストといったエコデザインが全国に先駆けて取り入れられました。また神田の神保町交差点には、ソーラーパワーで稼働する二酸化炭素濃度測定機が時計のようなモニュメントとして置かれ、CO_2削減の「見える化」に役立っています。ビルの屋上で有機栽培された野菜を扱う地産地消レストランのように、都心にありながら自然とのつながり感じさせる取り組みもあります。

このような環境対応は、種類や程度の違いこそあれ、どこの自治体でもおこなわれています。地域の資源を活かした取り組みや、ユニークな活動に特化して大きな成果をあげている自治体もあります。

そしてこうしたさまざまな取り組みにおいて、「低炭素」がわかりやすい指標になっています。実

千代田区の主なエコ活動

エリア名	番号	取り組み
麹町・番町・九段エリア	①	外濠公園総合グラウンドの40%を芝生化。風力・太陽光発電施設の設置。
	②	千鳥ヶ淵に太陽光発電システムを導入。夜桜のライトアップに LED 照明。
	③	国との合同庁舎である区役所庁舎で太陽光や雨水を利用。
	④	区役所で電気自動車，カーシェアリングを導入。地下駐車場に急速充電器を設置。
	⑤	国や自治体が管理する公園などの一部を住民や企業が管理し，草花の手入れや清掃をおこなう「アダプトシステム」の導入。
	⑥	区内の大学と区有施設で，自動販売機消灯キャンペーンを実施。
大手町・丸の内・有楽町エリア	⑦	有楽町マリオン前広場に，風力発電機と太陽電池モジュールがついた街路灯を設置。一日の想定発電量は 497 Wh（携帯電話138台分）。
	⑧	東京の地産地消にこだわり，伝統的な江戸東京野菜，東京産のブランド肉・調味料などを使ったナチュラルフレンチ「mikuni MARUNOUCHI」。
	⑨	新丸の内ビルの環境対応（本文参照）。
	⑩	産官学民が一体となって環境保全のノウハウとコンテンツを蓄積・発信する「エコッツェリア」。輻射空調システム，LED 知的照明システム，エコマテリアル内装施工などを運用する次世代オフィス実証ラボも設置。
	⑪	皇居周辺の内堀通り（祝田橋～平川門の往復約 3 km 区間）で，毎週日曜に交通規制をおこない，無料サイクリングコースとして解放。
神田・秋葉原・御茶ノ水エリア	⑫	太陽光発電セル内蔵のベアガラスを並べて「ジャロジー」と呼ばれるブラインドのようなつくりにした発電システム「電動ジャロジー＋太陽光発電セル内臓ベアガラス」を日本大学理工学部校舎に設置。
	⑬	三井住友海上駿河台ビルの屋上に，鍬で耕せる深い畑を設置し，屋上庭園として近隣住民に貸出。
	⑭	ごみ減量とリサイクル活動の拠点「リサイクルセンター鎌倉橋」。
	⑮	省エネルギー活動を「見える化」するため，CO_2 排出量などの表示システムを明治大学キャンパス内で採用。
	⑯	排気ガスの出ないエレクトリックボートでのエコクルーズ。日本橋川や神田川に生息する生物，数多くの橋の由来などを聞きながら，都心の水辺でエコツアー。
富士見・水道橋・神保町エリア	⑰	飯田橋から四ツ谷まで，外濠公園遊歩道 2 キロのウォーキングコース。四季にそれぞれに色を変える風景が楽しめる。
	⑱	「学内にもっと緑を」という学生からの提案を受けて，学内随所に庭園や花壇などを設けた法政大学のエコツアー。同大学の環境センターが実施。庭園めぐりのガイドブックつき。
	⑲	神保町の二酸化炭素濃度測定器（本文参照）。
	⑳	飯田橋駅前再開発工事で，ダンプ車両に純度100%のバイディーゼル燃料を使うなどして，排出 CO_2 を1990年比で50%削減。
	㉑	デザイン性と環境配慮を重視した壁面緑化を日本工業大学で採用。

際は太陽光パネルであったり、屋上緑化であったりするわけですが、それをCO_2の排出削減効果という点から単一の目安でくくることによって、全体の統一感が生まれてきます。

その削減率をあらかじめ設定し、「二〇五〇年までに七〇パーセント削減するためには、現在どんな暮らしをすべきか」というふうにライフスタイルを想定していくアプローチも、一時期さかんに自治体で取り入れられていました。これをバックキャスティング・アプローチといいます。現状の延長線上で将来をとらえ、目標を設定するフォアキャスティング・アプローチと比べ、このバックキャスティング・アプローチは結果に至るまでのステップを具体的に決めやすいという長所があります。

いまや全国の自治体で使われている「低炭素社会」という言葉。なぜこんなに普及したのでしょう。それは物やサービスなど、すべてを具体的な数値に置き換えることのできる基準だからです。生活がどれだけコンパクト化したかを知る目安といってもいいでしょう。

先ほど述べたアプローチのひとつ、「量の拡大」から「質の充実」への切り替えになぞらえれば、この指標は定量的な意味合いだけでなく、生活の価値観そのものを変えていくという定性的な意味合いも含んでいます。

一方、二酸化炭素が地球温暖化の主な原因ではなく、原因物質は水蒸気だという人もいます。そもそも地球温暖化は存在しないという意見もあります。気象庁が発表している各地の気温は、観測所が人口密集地に置かれているため、気温上昇の主な原因はヒートアイランド現象だというのがその主な理由です。こういった議論がある以上、「低炭素」は万人にとって受け入れ可能な基準とはいい難いでしょう。

ただし、いま述べた定性的な意味合いからすれば意味のある基準です。物を燃やしたり、生物が活動したりすればCO₂が発生するのは、疑いようもない事実です。つまりこれは消費活動と生命活動のバロメーターです。かりに気候変動というものを度外視しても、CO_2削減は私たちの暮らし全体の効率化につながる指標として意味をもつといえるでしょう。

第1章で示した「システムで環境をとらえる」という点からあらためて考えても、複合的な見方をひとつの観点に置き換えて社会をとらえる指標は意味があります。

極端にいえば、言葉は「低炭素」でも「エントロピー」でもかまわないのです。現代社会では、このように「生きる」と「暮らす」のあいだを取りもつ環境指標が、つねに求められているということが重要なのです。かりに「低炭素」という言葉が忘れられる時代になっても、同様の価値をもつ指標は次々と生み出されてくるでしょう。

環境に依存しなければ生きていけない人間。みずからの環境負荷をたえず意識していなければならない社会。わかりやすい環境指標が存在する意義は、この両者のまじわる部分にあります。そうした統合的な意味合いをもつ指標のうち、代表的なものをここに付記しておきます。

（1）エコロジカル・フットプリント――人間が生態系に与える負荷。資源の収奪や環境の汚染を人間が大地につけた足跡になぞらえ、面積で表したもの。環境容量の指標とされます。

（2）カーボン・フットプリント――エコロジカル・フットプリントと同じく、人間活動による環境負荷の指標。温室効果ガス排出量で表します。

（3）レジリエンス――環境脆弱性（vulnerability）の対立概念。エコシステムが機能を失わずに変化を受容する傾向を示す指標です。
（4）コアセット指標――OECD（経済協力開発機構）が開発した「PSRフレームワーク」に従って、コアになる複数の指標のセットで策定されている環境指標。「PSRフレームワーク」とは、人間活動と環境の関係を「環境への負荷」（pressure）、「それによる環境の状態」（state）、「それに対する社会的な対策」（response）という一連の流れに沿った枠組み。コアセット指標は環境政策を検討するために用いられます。
（5）デカップリング指標――環境負荷の増加率が、経済成長の伸び率を下回っている状況を示す指標。「デカップリング」（分離）の名前どおり、環境負荷の増大と経済成長の分離度を測る指標です。
（6）クオリティ・オブ・ライフ――環境分野だけの指標ではありませんが、個人の生きがいや内面的な豊かさといった、生活の質を把握するための指標です。

「職」と「住」が重なるところ

都市環境問題のひとつ
「スプロール化現象」への対策となる
計画的な街づくりのスキームを概観します

さて、千代田区は通勤通学者が多い反面、居住者がとても少なく、東京二三区のなかで人口密度や世帯数が最も少ない区です。昼間は八〇万人が他県から流入してくるのに対し、夜はわずか四万人がとどまるゴーストタウンにすぎません。昼は過密、夜は過疎のエリアです。昼の人口が夜の二〇倍にも膨れ上がるのは、都心に「職」を求め、都心以外に「住」を求めるライフスタイルがいままでの主流だったことを反映しています。

都市をめぐるこうした「職住分離」の考え方が強まったのは、経済の高度成長期以降のことです。都心よりも郊外のほうが地代家賃が安く、自然環境に近いといった理由からです。しかしそれによって生じたのが、中心市街地のスプロール化でした。スプロール化とは、都市が無計画に拡がっていくことをいいます。

住宅地の開発は、多くの場合、個々のディベロッパーによってばらばらにおこなわれてきました。そのため、住宅地や道路が計画的に建設されずに分断されたり、農地と住宅地がモザイク状に拡がったりしています。これがスプロール化の典型です。こうして虫食い状に中心市街地が拡大した結果、公共施設や商業施設にまとまりがなく、自動車がなければ生活に不便を来し、クルマの運転ができない高齢者や子どもを「交通弱者」にしてしまうことになります。もちろん環境面でも、長い距離の移動をともなう生活はエネルギー消費や排気などで環境負荷が増します。

さらにスプロール化は、都心の人口が周辺へ流出して空洞化していく「ドーナツ化現象」とも密接なかかわりがあります。居住者が減れば、当然そこにあった生活の場としての機能も消失します。たとえば千代田区の場合、コンビニやレストランは全国で最も充実していますが、スーパーマーケットや商店街はあまり見られません。また地方都市では、商店街の店舗が軒並み閉店する「シャッター通り」を見ることも多くなりました。

このような傾向が著しい日本に対し、ヨーロッパ、たとえばフランスやドイツなどの都市では比較的それが見られません。たとえばパリには、いまでも定期市の立つ通りや、夜遅くまでやっている惣菜屋、スーパーなどがたくさんあります。世界有数の観光都市であり、一国のビジネス中枢でありながら、生活の場としても十分に成り立っています。

歴史的に見ると、パリには市街の内と外を仕切る城壁がありました。これは外敵の侵入を防ぐとともに、市の徴税対象区域を囲いこむためです。それはまた、ローマ帝国末期のローマ市がスプロール化して滅亡の一因をつくったことからパリが学んだ教訓でもありました。さらに、パリ市の外側にはいくつかの広大な森林が広がり、これを残そうとする伝統文化（大半は貴族たちによる狩猟目的）もあったため、ドーナツ化やスプロール化が食い止められたともいえます。

実際、Google Earth の航空画像でパリ周辺と東京周辺を比べるだけでも、両者は歴然と違います。パリとその周辺は、森林、耕作地、工業地帯、住宅地などの面が大きく区分されているのに対して、東京周辺はそれぞれの地理的要因が、こまかな点の集積のようなモザイク状をなしています。「虫食い」という意味が、東京では一目瞭然でしょう。

ではスプロール化を食い止めるにはどうしたらいいでしょうか。

現在、日本の都市でもスプロール化現象への対策が進んでいます。「職住分離」とは逆に、「職住接近」の考え方にもとづくコンパクトシティや都市再開発の取り組みです。

コンパクトシティとは、生活に必要な施設が近隣にまとまって整備されている機能集約型の都市のことです。従来なら隣の駅まで電車に乗っていかなければならなかったような商業施設や娯楽施設が、すべて半径一キロ圏内に収まっていれば、生活はとても便利でしょう。駅やビジネスセンターや市役所といった核となる建物を中心に、交通ネットワークなどの都市機能が整然とまとまっていることによって、エネルギー面や空間利用面でも効率的な都市運営ができるようになります。地縁によって結びついたコミュニティも保ちやすくなります。

一言でいえば、コンパクトシティとはそのような都市です。その目的は、もちろん持続可能な街づくりです。

そのためには、無秩序な開発から街を守る地域計画（ローカルプラン）が必要です。自治体がその計画に従って長期的に街づくりを推し進めるのはもちろんのこと、住民も不法な開発計画に対しては異議申し立てをするなど、徹底したチェック機能が必要になります。

このようなコンパクトシティの取り組み事例として、海外ではイギリスのレディング市、ブラジルのクリチバ市、米国オレゴン州のポートランド、ベルギーのハッセルト市、国内では仙台市、青森市、浜松市などが知られています。

一方、都市再開発計画の取り組みとしては、東京都中央区の晴海トリトンスクエアがあります。「職・住・遊の融合した街づくり」をコンセプトに、オフィス、ショッピング施設、住環境をひとつにした複合都市として、二〇〇一年にオープンしました。

晴海運河に沿ったオフィスビルとマンションビル、南欧の街を思わせるランドスケープをもったテラス、それにショップ&レストランを中心として、まさに職と住の重なりにアメニティも加わった街づくりを展開しています。設計段階で経験したバブル崩壊と阪神・淡路大震災の教訓を活かし、ライフサイクルコストの低減と安全設計も徹底させています。

晴海トリトンスクエアが環境面で目を惹くのは、建物の躯体を地盤面に定着させることで安全性を強化し、それによってできた地下空間を約二万トンの大型蓄熱槽としたことです。そこに高効率ヒートポンプを導入することで、エネルギー効率が全国で最も高水準な施設をすでに一〇年以上稼働させています。これは持続可能な都市再開発のモデルケースのひとつといってもいいでしょう。

現在、このような都市再開発計画による街づくりは、都内各地で見られるようになりました。その効果も手伝ってか、かつてドーナツ化する一方だった都心でも、人口は減少から増加に転じており、暮らしの場としても活気のあるロケーションが徐々に増えています。

心の満足度とライフスタイル

人々のライフスタイル全般は、ここ一〇年ほどで大きく様変わりしました。

最も著しい変化は、大量生産の時代には見られなかった新しい消費行動が生まれたことでしょう。生活者の豊かさの基準が、個人の快適性や満足感よりも、公共性やサスティナビリティへとシフトしています。

たとえば暑い夏や寒い冬に、エアコンをめいっぱい効かせるオフィスや家庭は減ってきました。これはもちろん光熱費を浮かせる目的もありますが、それだけではありません。物資に頼りすぎた過度の快適さより、公共の安全・安心を考えたほどよい快適さの方が心の満足につながるからです。これは世論調査にも表れています。内閣府が二〇一二年の八月二五日に発表した「国民生活に関する世論調査」によると、今後の生活で「物の豊かさ」と「心の豊かさ」のどちらに重きを置くかを尋ねる質問に対して、「心の豊かさ」と答えた人が過去最高の六四・〇パーセントとなりました。

暮らしのあり方も、量の拡大から質の充実へとシフトしています。

たとえば二〇〇〇年代の初めに、三〇歳以下の若者のあいだで自動車を買う人の割合が減りました。こうした「若者のクルマ離れ」はこれまでで初めてのことです。もちろん、背景には不況のほか、カーシェアリングのようにマイカーの代替手段が普及したこともありますが、最大の理由は若者の嗜好が多様化したことです。これにより、戦後史を通じて日本の経済成長の象徴であり続けたクルマが、もはや若者の憧れやステータスシンボルではなくなったといえます。またクルマを買うにしても、かつてのように大型車がもてはやされる時代ではなく、小型で低燃費といった環境性能がはずせない基準になっています。

クルマだけではありません。日用品からマイホームまで、消費者の商品選びの基準は、見た目の豪華さ、美しさ、一時的な流行などよりも、安全性や環境性能やオリジナリティへとシフトしてきました。暮らし方も、ヘルシーでエコロジカルな方向に向かっています。

たとえば、有機野菜のように環境と健康に気づかった食品。安全で使いやすく、個性的なデザインの日用品。低燃費・低炭素のエコカー。サスティナブルで「創エネ」もできるエコハウス。身のまわりだけでも、このようにさまざまな新しい物が目につきます。

市場のニーズは、消費者自身ですら気づかない深層の欲求（ウォンツ）までも取り込み、生産者の生み出す物やサービスに表れます。どんな時代でも、生産者と消費者のあいだに共通するのは、より良い暮らしへの願いでしょう。それをかなえるために欠かせなくなってきたのが、環境とのかかわりのなかでの充足感だといえます。

それをマーケティングの視点からとらえた言葉に「環境価値」があります。

「環境価値」というと、森林や海などの自然から私たちが受け取っている社会的・経済的・文化的な価値を思い浮かべる人も多いと思います。

確かに古来、人間の暮らしは環境を利用することで成り立ってきました。しかしここでいう「環境価値」とはその逆で、環境が暮らしに何を与えてくれるかではなく、暮らしは環境に対して何ができるかという尺度です。

つまり、ある製品やサービス、ある地域の自治体、ある文化活動やメディアなどが、どれだけ環境への負荷を減らし、安全・安心な環境づくりに貢献できるかという基準が環境価値です。ひるがえってそのことが、製品やサービスの付加価値をもたらすのです。

この環境価値にもとづく物やサービスは、新しい顧客満足度（自治体であれば市民満足度）につながっています。それは「成長」から「成熟」へと、社会が持続可能性に向かって舵を切ったあかしともいえるでしょう。

知識社会の扉をひらく

人に知られることによって生まれる価値があります
「知っておこなわざるは、未だ知らぬことに同じ」という言葉もあります
ここでは環境配慮への知的インセンティブについて考えます

現代の暮らしは、環境を抜きにしては考えられなくなりました。

ただし、ここでひとつ補足しておかなければなりません。

そもそも暮らしのなかで、人はなぜ環境負荷が少ないと満足なのでしょう。モラルに適っているからでしょうか。それだけではただの自己満足かも知れません。少なくとももうひとつ、大きな要因があります。時期尚早の価値観として据え置かれてきたのか、それともあたりまえのこととして見過ごされてきたのかわかりませんが、エコロジカルな暮らしを支えるもうひとつの価値は、「知的付加価値」、いわゆる「知価」です。

もう三〇年以上もまえになります。経済学者アルビン・トフラーは『第三の波』のなかで、次のように説きました。

「農業革命、産業革命に次いで、現代は第三の革命（情報革命）の時代である」。

規格大量生産の時代は終わり、知識や情報が価値を生み、産業を主導する新たな社会の枠組みが出現すると見通したのです。そこでは生産者と消費者が不可分になった状態を表す生産＝消費者（プロシューマー）という造語がひとつのキーワードになりました。

これを受けて、日本の堺屋太一氏は『知価革命』を著し、知的付加価値をともなう製品やサービスが市場をリードするようになると説きました。たとえば従来、エルメスのネクタイはなぜ高額で売れてきたのか。それは品質を重んじ、一流の技をひたすらに求める職人や経営者たちの伝統的な姿勢が人々に広く知られているからで、これが大きな付加価値につながっていると堺屋氏はいいます。脱規格大量生産の時代には、この傾向がさらに進み、知価が社会の構造変革の主役になると見通したのです。

現在、トフラーや堺屋氏の予見したことはほぼそのとおりになっています。ひとつだけ修正点があるとすれば、すべての物が規格大量生産を脱したわけではなく、知価をともなう商品（質で売れる商品）と、デフレを反映した低価格商品（量産品）との二極分化が進んだというのが正確なところです。一〇〇円ショップに見られるように、品質の高さよりも価格の安さを売りにした商品は、むしろ規格大量生産の時代より一段と多く、しかも一段と低価格で出回っています。

またその後、企業経営でもナレッジ・マネジメント（知識経営）ということがいわれるようになり、これまでは職人技のように継承不可能な「暗黙知」とされてきた経営者のノウハウや高度な物づくり技能が、言葉や数量で表すことのできる「形式知」として情報化され、継承されるようになりました。「イノベーションによって、知の創造（シーズ）と社会経済的な価値（ニーズ）を結びつけよう」というような発想も、ここから生まれています。

加えて今日では、生まれたときからパソコンや携帯電話といったデジタル機器のある情報環境に生きてきた世代、いわゆる「デジタルネイティブ」がすでに成人しています。ネット時代を反映して、この「デジタルネイティブ」の思考法は、複数のタスクを同時にこなすマルチタスキング型で、情報処理のスキルもこれまでの世代より多角的だといわれています。知のあり方についても、ここからまたひとつの変革が生まれる兆しがあります。

このような時代に、グローバル化の真のメリットとは何でしょうか。それは世界の消費形態や産業構造が画一化することではなく、距離や手間といった物理的な制約を超え、情報や知識を個人が自分の裁量で処理し、質の高い「知恵」に転換できることでしょう。

こうした傾向が、環境価値の普及、ひいてはエコカルチャーの広まった背景要因のひとつと考えられます。とくに地球環境問題は、自然や地理の探求ともかかわった分野だけに、人々の倫理観だけでなく、知的関心も大いに刺激してきました。たとえばナショナル・トラストや、ユネスコ世界遺産への関心が人々のあいだで強まっているのも、物より経験や知的好奇心にお金をかけようとする知識社会を反映しています。

私が大学で教えている学生たちも、将来高級車を買うような余裕があるなら、その分すこしでも多く旅行をしたり、資格取得などの自己投資をしたり、趣味のアートやスポーツを楽しみたいという人の方が圧倒的に多数を占めます。

いま、「環境について考える」という姿勢のなかには、かつてのような集団主義ではなく、一人ひとりの自発的な価値追求と結びついた知的探求を見ることができます。そのことが、環境文化とライフスタイルを考えるうえで最も欠かせないファクターだということを、ここでは強調したいと思います。

「物を作る」「知を生み出す」「心を育む」という三つの要素が等価的な意味合いを保ちながら、バランスよく統合されるキャリアや組織や社会構造。それがこれからの生活文化や社会文化のよりどころとなるでしょう。

母子保健改善の成功事例

環境への取り組みを一人ひとりの内的動機と結びつけるのは容易なことではありません。どれだけの工夫をすればそれが可能か。ひとつの成功事例を通してそれを考えてみましょう。

国際協力の分野に、ＢＨＮ（ベーシック・ヒューマン・ニーズ）という言葉があります。これは食糧、水、プライマリー・ヘルスケアといった、人間の生存に最低限必要なもののことです。先進国が途上国を支援するとき、最も緊急を要するＢＨＮへの対応から始まり、次いでインフラ整備、産業支援、文化支援などと続きます。

もちろん実際の援助は、それほどはっきりと種分けできるものではありません。たとえば造林プロジェクトなら、水資源をつくるという意味ではＢＨＮであり、森林を育てる意味では産業基盤整備であり、地域の雇用を増やす意味ではキャパシティビルディングであるというように、ひとつの事業のなかにもさまざまな目的が相互乗り入れしています。

また根本の考え方として、援助というものは現地の人たちに「自分たちの力で国づくりを担っている」という自覚をもってもらわなければ成立しません。これが「自助努力の支援」です。「自助努力」とは言いかえれば「自立」や「自己実現」であり、これは国際協力の高度に文化的な側面といえるでしょう。

その自助努力を引き出す協力のひとつに、途上国の妊産婦支援があります。

発展途上国のなかには、家の近くに病院がないため、衛生環境の悪い場所での出産が妊産婦死亡や乳児死亡につながるケースが数多く見られます。貧困解消のため、一人でも多くの子どもを生んで働き手を増やしたいと考える多産社会にあって、女性の権利が確立されていない地域では、計画的な出産もできにくい状況にあります。性的な虐待や暴行を受けるケースも少なくありません。

このように構造的な問題が背景にある場合、社会のどこをよくすれば根本解決になるかはじつに難しい課題です。外からいきなり誰かが入って来てプライマリー・ヘルスケアの充実や家族計画について説いても、現地の人たちがそれに耳を貸している余裕はないでしょう。避妊具の普及さえ拒まれてしまいます。

そこでもう四〇年以上もまえ、日本のジョイセフ（ＪＯＩＣＦＰ）というＮＧＯが、画期的な方法でこれに取り組み始めました。

妊産婦死亡率の高いアフリカや南アジアなどの途上国の村で、ジョイセフはまず駆虫薬（虫くだし）を配りました。劣悪な水環境から発生する感染症の改善に乗り出したのです。いきなり大上段からＷＩＤ（開発と女性）の問題に取り組むのではなく、これは薬剤を飲んでもらうだけですから十分にフィージブルです。村の女性たちが駆虫薬を利用し始め、成果がだんだんと見えてきた頃、団体スタッフと現地女性たちとのあいだには信頼関係が芽生えました。すると次の段階で避妊具が配られ、計画出産の知識が徐々に普及していきました。

最も受け入れられやすいところからすこしずつ取り組みを進めるというこのアプローチは、妊産婦死亡率の改善という成果を上げ、その後も一層の改良を重ねながら、さまざまな国で展開されています。

その後もジョイセフは、これと並行してリプロダクティブ医療を充実させるなどしながら、母子保健の改善に取り組んできました。こうした取り組みが成功している理由は、保健衛生という一人ひとりの命に直接かかわる分野で、小さなことから明日の暮らしの安定につながることをひとつずつ伝え、その度に良い方向への変化を実感してもらいながら次のステップへ進んでいったことでしょう。

世界ではいまも、妊娠や出産が原因で一日およそ八〇〇人の女性が命を落としているといいます。これを改善するため、ジョイセフは現在、次の三つのことを活動の柱に据えています。

(1)　人々に保健の大切さを伝えるコミュニティヘルスワーカーなどの人材を育てること。

(2)　安全な妊娠と出産のために必要な知識を女性たちに伝えること。

(3)　妊婦が安心して出産できる環境を整えること。

人づくり、知識の普及、環境整備。これらはいずれも息の長い支援を要する取り組みです。しかし同時に、きわめて緊急度の高いＢＨＮへの対応でもあります。社会基盤を持続的に安定させるため、まずその地域の住民が長期に生きるための指針を得るということがいかに大切か。ジョイセフの事例はそのことを教えてくれています。

量的拡大から質的充実へ
成熟社会へのライフスタイル変革をリードする
国際的な動きに注目します

「脱成長」に向けて

すでにお気づきかも知れませんが、本書では「開発」という言葉をできるだけ使わないようにしています。代わりに「国際協力」や「自助努力の支援」などと呼び換えています。これは「開発」という訳語が、実際の意味はどうあれ、欧米諸国の産業革命以来の経済成長モデルをイメージさせるためです。また欧米諸国が、そうしたモデルを途上国にもあてはめようとしておこなってきた国際援助のなかには、途上国社会の実情にそぐわない開発プロジェクトも少なからずありました。

このような動きの根本には、「開発＝西欧化＝産業革命以来の急速な経済成長」いう画一的な公式化があります。さらに二〇世紀の大量消費文明がそこに加わるとき、「持続可能な開発」はそれ自体、矛盾を含んだ冗語と化してしまいます。

すべての国や地域を単一の経済・流通機構に組み入れようとするアメリカ型のグローバリゼーションも、この文脈の延長上にあるという見方があります。多様性の減少がシステム全体の脆弱性につながるという生態学の法則があることは、第1章にも述べたとおりで、経済のグローバリゼーションは、その意味でも難点のあるシステムです。

いずれにせよ、成長が限界に達したことが明らかになったいま、先進国・途上国のいずれも、従来の経済発展や開発に代わるもの（オルタナティブ）を選択する時期に来ているのは間違いないでしょう。

パリ南大学のセルジュ・ラトゥーシュ名誉教授は、このような選択肢を「脱成長（デクロワッサンス）」と呼びます。ラトゥーシュの著書『経済成長なき社会発展は可能か』によれば、経済成長至上主義からの脱却をめざす「脱成長（デクロワッサンス）」の動きは、世界中の国や地域で同時多発的に起こっています。またこれは政治的な運動ではなく、草の根の運動にもとづく経済・文化の革新です。つまり統一に向けて誰かがリードする必要はなく、むしろ多様性を保ったまま進んだ方が、必然的な社会発展の力につながるということです。

その具体例のひとつが、二〇〇五年にイギリス南西部のトットネスという小さな町で始まった「トランジションタウン」の運動でした。提唱者は、「パーマカルチャー」の講師をしていたイギリス人のロブ・ホプキンスです。トットネスでは、市民が化石燃料を使わずに生活していくための実験的な取り組みとして、市民農園・ガーデンシェア、コンポスト・トイレの建設、地域通貨、エネルギー消費削減行動計画といった、数々のプロジェクトが実践されています。

「トランジション」とは「移行」を意味します。右記ホプキンスの著した『トランジション・イニシアチブ入門』によれば、いま人類が直面しているピークオイルと気候変動という二つの危機の影響を緩和するために、低エネルギーでレジリエンスの高い持続可能な社会へと移行する必要があります。

また「パーマカルチャー」とは、「永続的な農業」（permanent agriculture）と「永続的な文化」（permanent culture）を掛けた造語です。エコシステムを模倣するかたちで人間の居住空間をつくり、自給自足の農業生産をおこなう方法を意味します。これは一九七〇年代にオーストラリアのビル・モリソンとデイヴィッド・ホームレンらによって提唱されました。

いくつもの概念や運動を一度にご紹介しましたが、これらはすべてつながっています。すなわち、パーマカルチャーやレジリエンスはトランジションタウン運動を支えるコアコンセプトであり、トランジションタウン運動に向けた具体的事例です。トランジションタウン運動はいま、イギリスやアイルランド以外にも、世界の約一八〇〇地域で取り組まれており、日本でも神奈川県の葉山町や藤野町など、二五を超える地域で実践されています。

先に紹介したラトゥーシュは、脱成長(デクロワッサンス)のために重要なのが、成長のためのグローバリゼーションから距離を置いた「再ローカル化」だと述べました。つまり自給自足や再生可能エネルギーの大胆な導入には、経済や文化の再生に向けた地域力の再構成が不可欠なのです。ここでいう「再ローカル化」の「再」(接頭辞"re-")にはいろいろな意味が含まれていますが、これも「開発」や「成長」の視点から機能が整備された「都市」とは異なり、「住民の自発的な意思によって選び直された地域」という意味合いが込められているはずです。住民自身のイニシアティブで、最適なシステムを選び直すところに「再ローカル化」の意義があります。

すべてはヴィジョンをもつことから

かつて私が所属した組織のひとつに、ＩＣＬＥＩ(International Council for Local Environmental Initiatives)という国際環境団体があります。そこの世界事務局長だったジェブ・ブルックマンも、この点をしっかりとらえていました。

自治体の世界的ネットワークによる地球環境保全を提唱していた彼は、「持続可能な社会のヴィジョンをもつこと」がまず大切だと、ことあるごとに説いていました。市民にとって最も身近な行政単位は自治体です。ジェブは、環境保全に向けてまず自治体から動かしていく取り組みこそ、このヴィジョンを実現するための壮大な社会実験だともいっていました。

先ほどのラトゥーシュがいう「脱成長に向けた再ローカル化」という動きも、このジェブの「持続可能性のヴィジョン」や「社会実験」という言い方も、ともに共通した内容です。少なくとも彼ら二人には、現代人が経済と生態系と自己の内面のあいだの折り合いをつけながら、持続可能なライフスタイルを確立していくための社会モデルが見えているはずです。

環境によくないという理由で、これまでの社会システムを否定することは簡単です。しかしすでに世界で取り組まれているさまざまなオルタナティブもふまえながら、持続可能な社会を具体的にイメージできる人はどれだけいるでしょうか。

行政や企業が提唱するエコロジーの問題点もここにあります。確かに大きな狙いとしてはサスティナビリティとか、循環型社会といったスローガンがある。そのための小さな一歩としてはCO_2削減や省エネといった身近な行動がある。しかしその中間の具体的なライフスタイルや都市のヴィジョンが、ほとんどの場合は示されていないのです。

声高にＣＳＲやエコを叫ぶまえに、いったいこれからの社会にどんな時間・空間・人間のあり方が理想的なのか、それがどんな利益を生み、ひいてはどんな経済価値に結びつくのか、そのグランドデザインだけでも想像してみる必要があります。

本書の「まえがき」に述べた「環境想像力」が、いかに大切かをここでも強調したいと思います。人間社会を含む生態系を持続させるため、自分たちがどんな暮らしをしたいのか。どんなふうに生きたいのか。真っ白なキャンバスにさまざまな色を使って絵を描いていくように、この未来像を具体的に想像できる人こそ、真にエコカルチュラルな人間ではないでしょうか。

より豊かで実効のあるライフスタイル変革を可能にできるよう、一人ひとりの想像力と創造力を伸ばすことこそ、これからの文化や教育が担う大きな役割といえます。

第3章　プラネット・アースの遺産

——地域が守り育てた知恵と伝統

▶ *This chapter's keywords*

もやい直し　式年遷宮　ナチュラルヒストリー

自然保護　慣習法

この章では
地域文化や伝統文化のなかの
エコカルチャーを各地に訪ねます

水俣の「もやい直し」

今日まで私が環境を取材してきたなかで、成熟社会への最も貴重な道しるべになると感じた事例からお伝えしましょう。

半世紀以上まえに熊本で発症した水俣病によって、水俣湾と不知火海は「死の海」と呼ばれた時代がありました。しかし現在では安全が確認され、水俣市は二〇〇八年、環境省の「環境モデル都市」にも認定されています。本来の美しく恵み豊かな自然を取り戻したこの地では、「水俣ブランド」と呼ばれる高い品質のリサイクル資源、無農薬の農産物、グリーンツーリズムなど、数々の産業が振興されています。

このような水俣の再生に大きな役割を果たしたのが、「もやい直し」という掛け声のもとで実行された市民の活動です。この取り組みの背景には、水俣病を取り巻く苛酷な社会状況がありました。「もやい直し」にふれるまえに、まずそれをお話しします。

そもそも水俣病は、工場排水に含まれていたメチル水銀が水俣湾や不知火海を汚染したことが原因でした。そこで獲れた魚を食べた住民が、神経細胞に障害を負ってしまう病気を発病したため、一九六八年に公害病として認定されたのが水俣病です。この水俣病の被害が拡大してしまった原因のひと

差出有効期間
平成28年1月
20日まで

郵便はがき

（受　取　人）
京都市山科区
日ノ岡堤谷町1番地

ミネルヴァ書房
読者アンケート係 行

◆ 以下のアンケートにお答え下さい。

お求めの
書店名＿＿＿＿＿＿＿＿市区町村＿＿＿＿＿＿＿＿＿＿＿＿＿＿書店

＊ この本をどのようにしてお知りになりましたか？ 以下の中から選び、3つまで○をお付け下さい。

A.広告（　　　　）を見て　B.店頭で見て　C.知人･友人の薦め
D.著者ファン　E.図書館で借りて　F.教科書として
G.ミネルヴァ書房図書目録　H.ミネルヴァ通信
I.書評（　　　　）をみて　J.講演会など　K.テレビ･ラジオ
L.出版ダイジェスト　M.これから出る本　N.他の本を読んで
O.DM　P.ホームページ（　　　　　　　　）をみて
Q.書店の案内で　R.その他（　　　　　　　　）

書名　お買上の本のタイトルをご記入下さい。

◆上記の本に関するご感想、またはご意見・ご希望などをお書き下さい。
文章を採用させていただいた方には図書カードを贈呈いたします。

◆よく読む分野（ご専門）について、3つまで○をお付け下さい。

1. 哲学・思想　2. 世界史　3. 日本史　4. 政治・法律
5. 経済　6. 経営　7. 心理　8. 教育　9. 保育　10. 社会福祉
11. 社会　12. 自然科学　13. 文学・言語　14. 評論・評伝
15. 児童書　16. 資格・実用　17. その他（　　　　　　）

〒
ご住所

Tel　　　（　　　）

ふりがな
お名前

年齢　　歳
性別　男・女

ご職業・学校名
（所属・専門）

Eメール

つに、当時の通商産業省が、メチル水銀の発生源となっていた化学工業会社のチッソに、排水停止を指示しなかったことがあげられます。これは当時、チッソの操業を停止したら、国内の化学工場の多くがストップしてしまうと考えられていたからで、国は経済成長のため、いわば公害を事実上容認したことになります。

水俣湾で患者が発症したあと、チッソ水俣工場の排水口は反対側の水俣川につけ替えられ、排水は続行されてしまいました。このため、メチル水銀は不知火海にも流出し、さらに多くの患者を生んだのでした。のちに水俣病患者がチッソだけではなく国をも相手どって訴訟を起こしたのは、このように行政による安全管理がまったくなされていなかったためです。

またその後も、行政が被害実態をしっかりと把握せず、とりあえず目先の紛争解決をはかる姿勢ばかりとってきたことで、現在も水俣病患者としての認定を受けられない人々が多く、補償や救済の申請が続いています。五〇年以上たったいまでも「水俣病は終わっていない」といわれるのはこのためです。

こうして水俣病の被害は、地域社会全体に及んでいきました。

当初この病気は、「原因不明の奇病」「風土病」などとされ、「伝染」を恐れて患者を隔離するということもおこなわれました。公害の犠牲者でありながら差別を受けることになった患者と、その家族の苦悩は限界を超え、自殺者も出ました。患者の方からうかがった話では、当時は公共の電波でさえ、水俣病患者への差別を結果的に助長するような報道を実名でおこなっていたそうです。現在でも、被害者や水俣市民への配慮が十分になされていない例がしばしば問題になっています。

水俣病に対する偏見が広まると、差別は患者以外の水俣市民にも向けられました。水俣から外へ移り住んだ人たちは、水俣出身というだけで縁談がこわれてしまったり、就職ができなくなったり、農作物が売れなくなったりしました。風評が広まったのは水俣病患者のせいではもちろんないのですが、こうしたことも患者とそうではない人々の対立を深めました。

さらに水俣という土地は、チッソの企業城下町として栄えたという歴史があります。チッソの従業員をはじめとして、何らかのかたちでチッソに依存する人たちが住民の半分以上を占めていました。その人たちにとっては、チッソが補償問題で倒産すれば生活の基盤が失われることになります。そこで当時の市長や商工会議所なども加わり、知事に「死活問題だ」と陳情し、「排水を止めるな」と訴える事態も生じました。

水俣病をめぐるこうした立場の違いは、親戚どうしでも敵味方に分かれて対立するほどの複雑にこじれた社会関係を生み出します。

その後、西日本新聞などのメディアを通して、水俣病の被害の実態がすこしずつ知られるようになりました。一九七二年の国連人間環境会議では、水俣病の記録映画上映や記者会見がおこなわれるなど、水俣病への世界的な関心も高まりました。

水俣市内でも、公害という負の教訓を生かした環境保全のメッセージが全国や世界に向けて発信されるようになります。ところが世界の論調は、これとは大きなギャップがありました。

「日本は経済成長の代償として公害病を生み、ＯＤＡ（政府開発援助）で途上国にまで公害技術をバラまいている」。

一九九二年の国連環境開発会議で、開催地であるリオ・デジャネイロの地元紙は社説でこう訴えたのです。

これを読んだ吉井正澄元市長は、一刻も早く患者を救済し、地域社会の人間関係を建て直す必要があると痛感したそうです。そして公害防止のノウハウを世界に発信し、水俣にまとわりついてしまった負のイメージをプラスに転換することが急務だと考えました。

こうして始まったのが「もやい直し」です。

「流れやらでつたの入り江にまく水は舟をぞもやふ五月雨の頃」（『夫木抄』）という古歌もあるように、もやいという言葉には、まず「船と船をつなぎ合わせる」という意味があります。次いで「共同で労働をする」という意味もあり、古代には焼畑耕作や、水田造成や、狩りなどの共同作業に「もやい」という言葉を使っていたという文献があります。

水俣の「もやい直し」とは、船をつなぎとめる「舫い（もやい）」に由来しています。吉井元市長によれば、「もやい直し」も、舫い綱が乱れ、船が動かなくなってしまったので、その綱をふたたび解き放ち、協力し合って船をつなぎ直そうという運動のことで、いわば内面社会の再構築を意味します。

漁業で栄えた水俣らしく、船の舫い綱に見立てて人と人の絆を取り戻そうとするこの言葉は、一九九四年の水俣病犠牲者慰霊式で吉井元市長によって初めて宣言され、この日は「もやい直し」の出発の日とされました。

この日から、それまで一六に分裂して争っていた患者団体がまとまりを見せ始めました。

また前年から、市民のあいだで徹底したごみ分別の取り組みがスタートしています。当初から一九分別という高いハードルが設定されたため、生半可なことでは持続できないということで、腰を据えた率先的な行動に結びつきました。

毎日、質の高いごみ分別にやり甲斐をもって取り組んでいると、それまで対立していた人々もごみステーションで挨拶をかわしたり、労をねぎらったりするようになったといいます。こうして市民のあいだにすこしずつ一体感ができていきました。

さらにメディアを通して全国からも注目を浴びるようになると、市民の意識はさらに向上し、水俣のごみ分別は新しい生活文化として根づいていきました。

ちなみに現在では、二三品目の分別収集がおこなわれています。

第2章でも見たように、分別の徹底はリサイクル技術の点から見ても合理的です。水俣をリサイクル資源の集積地に変えた「水俣エコタウンプラン」も、市民の徹底したごみ分別の習慣に支えられていました。

「他人を変えるな、自分が変われ」

内面社会の再構築をめざした「もやい直し」は、こうして理のある取り組みとしてだけでなく、利も生む取り組みとして地域再生に大きな役割を果たしました。

水俣市民には、廃棄物管理への強いこだわりがあったといいます。水俣病もメチル水銀という廃棄物が原因で起こった病気です。それだけに、「二度とあのような悲劇をくりかえしたくない」という強い思いが、徹底したごみ分別に結びついたのです。

「人様を変えることはできないから、まず自分が変われ」。

これはすでに故人となった水俣病患者で、水俣病の語り部だった杉本栄子さんの言葉です。水俣病への差別と偏見で塗炭の苦しみをこうむっていた時期、杉本さんはご主人から掛けられたこの言葉によって救われたといいます。世間の誤解や差別を正すには、まず自分たちの意識改革に取り組むしかない、という思いにいたったそうです。

美しい自然を取り戻した現在の不知火海
（写真：Minamatacolor Project）

また水俣には、思いがけない大漁や天からの授かりものを指す「のさり」という言葉があります。原因企業への怒り、差別を与えた者への憎しみ、支え合いを生む思いやり、取り戻したきずなへの歓び、変革の勇気――そうしたさまざまな人生体験をしてこられた杉本さんは、振り返れば水俣病そのものが「のさり」だったと語りました。

患者さんたちには、当事者にしかわからない苦難があるでしょう。それを乗り越えてこのように稀有な心境にいたるまでの道筋を伝えてくださる言葉には、決して過去の出来事ということで終わらせてはいけないものを感じます。人として環境を生きていれば、当事者でなくとも水俣の歴史との浅からぬ縁を感じ、現在や未来社会に役立てていきたいという思いに駆られます。

グラスルーツの国際協力でよく使われ、率先行動を意味する「イニシアティブ」という言葉も、「自分を変える」という心がけなしには実践に結びつかないでしょう。「もやい直し」が成功したのは、社会関係の修復にあたり、何よりもまず自分が変わろうという意識を市民が共有していたからではないでしょうか。

水俣の地域再生は、持続可能な環境文化として世界に誇れる事例であり、視察や研修のためにこの地を訪れる人も少なくありません。もともと風光明媚なこの土地は、環境都市であることに加え、観光地としてもさらに発展を遂げるでしょう。

屋久島の自然観と「岳参り」

現代の水俣に学んだあとで
ここからは地域の伝統に培われた思想や慣習に目を向け
人間と環境の結びつきについて考えを深めます

伝統文化のなかには、現代人が行き着いたサスティナビリティの考え方を先取りしていたように感じられるものがあります。世界自然遺産に登録されている屋久島も、そうした伝統の知恵を今日まで保っています。

屋久島の三岳（宮之浦岳、永田岳、栗生岳）を中心とする亜高山地帯は「奥岳」と呼ばれ、古くから自然の聖域でした。そこでは樹齢一〇〇〇年以上のスギだけが「屋久杉」と呼ばれます。屋久杉は神木で、伐採されることはありませんでした。江戸時代にそれを有効利用できるよう、薩摩藩に提言したのは朱子学者の泊如竹（とまりじょちく）です。当時の林業は皆伐ではなく、使い頃の木材だけを選んで伐っていく択伐でした。その結果、奥岳の自然が破壊されずに残りました。

明治期に入ると、入会権の問題で政府と地元が法廷で争った末、屋久島の森はほとんどが国有林となりました。前岳（奥岳を囲む比較的低い山地）の森林開発が急速に進められる一方、奥岳は保護され、森林調査が始まりました。

昭和三〇年代以降は、大面積皆伐や水力発電といった開発の時代が続きます。しかし次第に自然保護の声が高まり、昭和六〇年代には生態系の価値を生かした事業が始まりました。ユネスコの世界遺産条約に日本が批准し、屋久島が白神山地とともに世界自然遺産に登録されたのは一九九三年のことです。

屋久杉自然館館長の日下田紀三氏はいいます。

「国有林事業が早めに撤退したせいもありますが、屋久島ではよその土地よりもかなり早い時期から、人と自然の関係についての提案が始まっていました。屋久島には自然保護団体がありません。理由は、自然保護団体がやりそうなことはすべて地域住民が取り組んできたからです」。

国有林も撤退し、自然保護ばかり叫んでいても島の将来展望は開けそうにない。そういう時代にさしかかっていました。そこで人と自然の結びつきに基盤を置き、環境のなかに地域産業を模索していく方向で、当時の屋久町と上屋久町が合意しました。生態系を貴重な農業・観光資源とする現在の屋久島は、この時期に誕生しています。

屋久島の魅力は個々の景観よりも、生態系全体にあります。最も大きな特徴は、地形や生物の多様性です。宮之浦岳から里山へ降りる途中には、林道でヤクシカが生息し、固有種の植物も見られます。ミカンに似たタンカンが鈴なりに実をつけた畑。隆起した海岸付近に生い茂る熱帯植物のガジュマル。亜高山帯から亜熱帯まで、この島には日本の植生が集約されています。

島民のあいだにも、独自の自然観が見られます。

「海にはサンゴ礁があって、山にはシャクナゲが咲いている。お客さんたちはそれをめずらしがるけど、われわれにとっては子どもの頃からあたりまえなんですよ」。

屋久島に生まれ育ったというタクシー運転手さんがそういいました。変化に富んだ自然を子どもの頃からあたりまえと感じていたということは、異なる性質のものを一体化してとらえやすい物の見方や感性につながっていないか、またそれは伝統文化ともかかわりがあるのではないか——。そう思って調べてみると、やはり島民の自然観を裏づけるような事実がありました。

古来、日本の山村には山の神、漁村には海の神が祀られてきました。屋久島にはその両方に感謝する伝統行事があります。

これは宮之浦の益救（やく）神社に祀られている彦火火出見尊（ひこほほでみのみこと）を詣でる儀式で、「岳参り」と呼ばれます。岳参りでは、里で選ばれた数名の青年が海の恵みを山に届けて漁業の繁栄や無病息災を祈り、シャクナゲを手折って山の霊気を里に持ち帰ります。

この儀式は、海幸・山幸の竜宮伝説と修験道による山岳信仰が、仏教の民衆化の時代に融合したのだとする説もあります。

このように多様なものをひとまとめに感じさせる自然は、日常感覚としては一見つかみどころのない、ひとかたまりの混沌として意識されているでしょう。島全体を年中おおっている霧や雨雲のように、それは屋久島の暮らしと切っても切れない関係にありそうです。

「都会にいる人にとって、自然はあくまで〝遠くにありて美しきもの〟です。でも屋久島に暮らしていると、自然は〝近くにありて凄まじきもの〟。たとえば一家に一台チェーンソーが置いてある。理由は簡単で、家のまわりの防風林を伐るための道具です。ときどきチェーンソーで伐採しないと、あっという間に家を取り囲まれて、生活領域がなくなってしまいますから」（日下田氏）。

うっかりしていると、カオスの淵に足を取られてしまいます。恵み豊かな自然もあれば、軒先まで迫ってくる脅威のような自然も待ち受けています。その一方で、本当の自然の脅威にはなるべく逆らわない。台風が来たら雨戸に釘を打ち、焼酎を飲んで寝てしまいます。押したり引いたりしながら、変化とともに生きる知恵が心に醸成されているのです。

先ほど見た屋久島の生態系保全の歴史にも、こうした知恵が生きています。

生態系が人間の生活の術でもある屋久島では、自然のなかに侵すべからざる領域があることがどこかで意識されているようです。曖昧のかたまりのような自然が、目に見えない秩序や法則性に対するセンサーを育み、すべてをつながったものとしてとらえる精神風土を培ってきたといえます。

「おそらく自然というものは、多様なものが複合され、重層化されているということを、みんなが生理的に知ってるんですよ。ごちゃごちゃしてるんだけど、ごちゃごちゃなりのルールがあって、結果としてみれば必然的な成り行きになっている。ところが都会にいると、社会契約としてすべてが理解されているせいか、シミュレーション可能な部分だけで全体を見たと思いがちでしょう。本当はその背景に知ることのできない膨大な要素があって、そっちの方がむしろ大事なんだということを認識しておく必要がある。曖昧で知り得ないもののかたまりがいつも目のまえにある屋久島では、とくにそう思いますね」（日下田氏）。

第1章で述べたように、すべてを部分に切り分けて分析的にとらえようとする発想では、自然環境と向き合うことはどこまでも困難だということが、ここからもわかります。まして山と海のあいだの里に暮らす人間は、もとより自然以上に曖昧な存在で、分析的解釈を受け入れがたい存在といえます。どんな基準によっても、誰をもってしても、人間を分類したり、型にはめたりすることなど不可能です。

自然と向き合うということは、そうした制度化された物の見方を棄てて、人間本来のあり方を見つめ直す契機にもなるでしょう。

風土がスローフードをつくる

伝統的な風習や儀式に、現代的な角度から新しい解釈がつけ加えられ、再評価される場合があります。ところがよく考えてみると、私たちが新しいと感じるその解釈も、伝統的な知恵の体系にもともと組み込まれていた、ということが少なくありません。

たとえば米は伝統的に日本人の主食ですが、現代ではダイエット食品としての価値も定着しています。そこでさらに低カロリーで脂肪を蓄積しにくい食物は何かと探してみると、日本人が昔から食べてきた五穀（米、麦、豆、あわ、きび）に行き着きます。ご承知のとおり、五穀米はダイエットフードとして人気があります。昔の人が現代人ほどスタイルを気にしていたわけではないと思いますが、病気を防ぐ（体内環境を一定に保つ）食物には気をつかっていたでしょう。

　イタリアのピエモンテ州から始まった「スローフード運動」も、食品流通面や地域経済の面で優れていただけでなく、風土に合った食物を摂ることで人々の健康が保たれるという利点がありました。「温故知新」といいますが、新しいと思えた解釈も古来の知の体系に組み込まれていたことが多いのは、サスティナビリティを考えるうえでとても大切なことです。

　じつはこの種の伝統回帰が生活のいたるところで見られるのも当然で、衣食住を含む伝統は、もともと風土によって培われています。アジアモンスーン地域の日本では、夏の高温多湿にめっぽう強い稲がよく育ち、冬には寒気と乾燥に強い麦がよく育ちます。これらの穀物によって日本人の体質がつくられてきた以上、米で過不足なく栄養を供給できるのは理にかなっています。「風土がフードを決定する」という名文句も、単なるダジャレではないのです。

　とくに稲作は、日本の伝統文化に色濃く反映されてきました。身近なところでも、正月や節句といった祝い事には、ことあるごとに餅（鏡餅、柏餅、月見餅など）がふるまわれるなど、稲作は日本の文化体系の中心ともいえます。

　『古事記』によれば、高天原の天照大神（あまてらすおおみかみ）は、孫のニニギノミコトに日本を治めるよう命じたとき、民の食べ物とするよう自分のつくった稲を授けたといいます。ニニギノミコトはその言葉に従い、土地を耕して水田をつくり、豊かな国をつくりあげました。日本が「豊葦原瑞穂国（とよあしはらのみずほのくに）」と呼ばれたのはそのためです。

また天照大神を祀る伊勢神宮では、稲作にかかわりのある年中行事が数多くおこなわれています。代表的なものとして、お浄めをすませた籾種を播く「神田下種祭」（四月初め）、苗を植えて「田遊び」や「田楽」などの神事芸能をおこなう「神田御田植初」（五月中旬）、稲穂を刈り取る「抜穂祭」（九月）、できあがった稲を天照大神に捧げる「神嘗祭」（一〇月）があります。

伊勢神宮の「式年遷宮」

さて、その伊勢神宮で二〇年に一度おこなわれる「式年遷宮」という行事をご存知でしょうか。戦乱の時代に中断はあったものの、この行事は持統天皇以来、一三〇〇年の伝統があるといわれ、二〇一三年には六二回目の遷宮行事がおこなわれました。

式年遷宮とはどんな行事でしょう。

伊勢神宮には天照大神を祀る内宮（皇大神宮）と豊受大神を祀る外宮（豊受大神宮）があります。二〇年ごとの式年遷宮では、この内宮と外宮のそれぞれの正殿と、一四の別宮の社殿がすべて造り替えられ、神座が遷されます。

これは七年近くも要する大がかりな行事で、最初の用材を伐り出す「山口祭」を皮切りに、四〇に及ぶ一連の祭式がおこなわれます。用材にはヒノキが使われてきましたが、二〇一三年の遷宮ではヒノキ不足のため、アスナロが初めて用いられました。

では、この式年遷宮は何のためにおこなわれ、どんな意義があるのでしょう。

正殿には、塗装しないまま地面に突き刺した掘立柱が使われます。このため、老朽化が早いので建て直す必要があるといわれてきました。しかし式年遷宮の始まった時代には、法隆寺のように耐用年数の長い用材や建築方法もすでに存在しています。いかに国家の命運を左右する神事と考えられていても、膨大な国費と労働力を必要とする大事業が二〇年に一度という頻度でおこなわれきた理由は、はっきりわかっていません。

もちろん神事ですから、世俗的な理由などないといわれればそれまでですが、これには合理的な推論も打ち立てられています。

ひとつは技術伝承のため。正殿の建築様式から、奉納される宝物の製作まで、式年遷宮のすべての技術と段取りは仔細に決められています。二〇年に一度というサイクルは、世代から世代へその技術を受け継ぐために最もふさわしいと考えられていたのかも知れません。

もうひとつは用材確保のため。式年遷宮には一万本以上の木材が必要です。木材を伐り出す山は御杣山と呼ばれ、伐採した木材を神に感謝する株祭などの神聖な儀式もおこなわれる場です。しかし過去には原木の不足などで、御杣山が三河、尾張、木曽など、各地に遷されたこともあります。こうした経緯を見ると、むしろ造林に力を入れるための名目として用材確保が重視されたのではないかとも考えられます。つまり、持続可能な森林文化があってこそ続けられる遷宮によって、日本の森林保全と林業経営の基盤が形成されたのではないかということです。ちなみに、現在は伊勢神宮の近くで造林がなされ、そこで式年遷宮のための用材を調達できる体制が整いつつあります。

いずれにせよ、式年遷宮が二〇年をひとつの周期とする循環の思想にもとづいておこなわれていたことは明らかです。日本人の心のよりどころのひとつである伊勢神宮を恒久的に持続可能とするうえで、この思想は資源管理の面から見ても、技能伝承の面から見ても、きわめて大切な支柱といえるでしょう。

江戸時代からの気象予測「寒だめし」

江戸時代に民間でおこなわれていた長期気象予測のひとつに、「寒だめし」という慣わしがあります。東北、北陸、山陰などには、いまもこの知恵を受け継いでいる地域があります。

これは暦の「寒」にあたる三〇日（一月五日の小寒から二月三日の節分まで）の天候変化を、元旦から大晦日までの三六五日に拡大してあてはめ、一年の気象変化を予測するというものです。寒の一日分が一年における一二日分、二時間分が一日分の計算になります。もちろん気温や降水量の数値をそのままあてはめるのではなく、平年値との差をもとにして数値を出していきます。

たとえば山形県尾花沢市は、二〇〇四年に民間でおこなわれた「寒だめし」の結果を市の広報で取り上げました。同市は飛騨の高山、越後の高田と並んで雪深い「日本三雪の地」のひとつとして知られています。

市のゆめみらい企画政策課広報係では、「寒だめし」に注目した理由をこう説明しています。

「雪深い尾花沢では、昔から雪対策が重要な課題。その取組みのひとつに長期天候予測があります。昨年は冷夏の予測が的中してしまったため、今年はいつ頃作業をすればいいのか、そのため作物の品種は何にするかと、『寒だめし』を参考にする人が出てきました」。

近年では温暖化の影響で的中しなくなり、「一年を通して気温が低い」と予想したこの年の寒だめしもはずれてしまいましたが、寒だめしの的中率は七五〜八〇パーセントに昇っていた頃もありました。

民俗学者の宮本常一は、『民間暦』のなかでこう述べています。

「古来、地方のお祝いごとは、多くが正月に集中していた。そして正月のもうひとつの大切な行事は、その年の年柄をあらかじめ見ることであった。暦の発達はそういうところにもあった」。

（『宮本常一著作集』第九巻『民間暦』未来社）

「年柄」とは収穫における「作柄」と似たような意味で、天候や収穫から一家の運勢にいたるまでの、いわば一年の諸相の良し悪しです。こうした物事の吉凶を占う行事が正月に多いのは、冬から春へと動植物が再生に向かうこの時期が一年の節目とされたこと、つまり暦が農耕起源であることと関係しているといいます。

天候の変化を予知する「寒だめし」も、苛酷な自然とともに生き、五穀豊穣を願った古人の遺産のひとつでしょう。

もっとも、経験から学んだ法則がどの程度の精査を経て今日にいたったのかという疑問は残ります。東北六県の水稲冷害対策を研究している東北農業研究センターの職員と話したとき、こんな見方をうかがいました。

「先人の知恵にもとづく天候予測や農業技術で、高い収穫率を上げている農家は確かにあります。しかしそれはあくまで、ごく限られた地域にしか適さないやり方。ほかの土地へ持って行っても同じような結果になるとは限りません」。

農業、とりわけ米づくりは経験主義の技術ですが、あまねく応用できる技術でなければ普及の対象にはならないわけです。農業でいう「先人の知恵」とは、何か特別な秘伝を使って収穫を高めることではなく、あくまで基本的な作業を日々励行することだといわれます。

気象学や天候リスクマネジメントから見た寒だめしはどうでしょうか。

現在の天候予測は、決定論的アプローチと統計的アプローチを組み合わせ、予測精度を高めることに重点が置かれています。つまり初期条件のわずかな違いが結果の大きな差につながる「非線形モデル」としての性質を、確率データで補う方法です。気象庁の半年予報にも、複数の初期数値を用いて誤差の範囲を明らかにする方法が二〇〇三年から導入されています。

この点、「寒だめし」の決定論的アプローチには、誤差を補正するノウハウがありません。ただし、気象統計や地域の経験、または太陽黒点や惑星の動き、地軸の変化などを考え合わせて、補正を加えるケースはあるようです。

「寒だめし」は近代科学の検証を経たものではなく、的中率八〇パーセントという数字も、統計の取り方でさまざまに変わるでしょう。しかし「年初の天候に一年の縮図が見える」という経験則が全国二〇カ所近くの地域でいまも受け継がれているとすれば、科学的根拠も意外なところにあるのかも知れません。

たとえばフラクタル理論。これはリアス式海岸や樹木の幹などのかたちに見られる一見不規則な変化に、自己相似的な規則性を見るといった理論です。もののかたちだけでなく、自然・社会現象の時間的推移についてもこの規則性をあてはめる研究があります。フラクタル理論を応用して洪水や地震といった天災の発生を予知したり、株価の変動を予測したりする研究です。そして「寒だめし」も、年初の天候に一年の天候の「相似形」を見る点で、フラクタル理論と類似しています。

ただし、「寒だめし」が昔から受け継がれてきたのは、科学技術が未発達だった時代ほど、環境や自然の変化に対する人間の洞察力が頼みの綱だったということではないでしょうか。逆に高度な科学技術の発達した現代では、自然との接触のない都市や、季節感のない暮らしのなかで、人間の環境リテラシーが低下しがちのようにも思えます。

意識と生態系の関係を説いたグレゴリー・ベイトソンは、著書『精神の生態学』のなかで、次の三つを生態系にとって「緊急の事態」と述べています。

第一に、人間が自分自身を変えるよりも、環境を変える習癖を身につけてしまったこと。

第二に、テクノロジーの進展と相まって、人間の意識が環境を変革あるいは破滅させる力になり得ること。

第三に、目的志向をもった社会的機構が、個人の意識を無意識的な精神活動から切り離そうとしていること。

現代の文明は、残念ながらこの三つのすべてにあてはまります。

そんな現代人の意識を修復する手立てのひとつとして、ベイトソンは強調します。

「人間と他の動物、あるいは人間と自然界の交流は、ときに〈知〉を育む」。

それでは都市で暮らし、あまり自然と親しむ機会のない人がこの知を、つまり環境変化への洞察力を高めるには、どうすればいいでしょうか。

早春の山形で、そのヒントに出会ったことがあります。寒だめしも活用しながら、「心を使った農業」で成果をあげている農家のKさんに会ったときのことです。

Kさんによれば、農業とは土のもっている自然な力を引き出すことです。作物にとっても、人間にとっても、一番大切なのは「芽の出る時期」だといいます。この考えは、新春に一年の計を見ようとする「寒だめし」にも共通しています。

もうひとつ興味深いのは、「作物の成長のようすを克明にイメージできる心の働きが不可欠」という考え方です。

「スイカでもサクランボでもそう。理想とする芽の状態、花の咲き方、実のつき方をしっかりと映像で思い浮かべられる人は、いい作物をつくる。味のある作物で他人を感動させる」。

さらに自然環境の読み解き能力を高める方法について、Kさんは穏やかな口調でこういいました。

「ゆったりとリラックスすること。寒だめしもそうだけど、ゆったりした時間がないと感じ取れないものがあるんだよ。たとえ自然を相手にしていなくても、家族と一緒の時間を大事にするとかね。とにかく無理せず、ゆったりと生きることだよ」。

生き方と環境をつなぐ経路（パスウェイ）が、これでまたひとつ見えてきました。

ナチュラリスト――抑圧された生の解放者たち

「フランス革命暦」では、月日の名に動植物・気候・農機具などがあてられています

自然を分類体系化し、生活に取り込みたいという人間の欲求は

社会の変革を求める時代ほど激しく燃え盛りました

海の生き物、ウニの口から食道にかけての器官は、「アリストテレスの提灯」と呼ばれています。小さな骨の組み合わせでできたその消化器官のおかげでウニは貝殻のような硬い物も咀嚼（そしゃく）できます。「アリストテレスの提灯」は、その形が提灯（ランタン）に似ていることからアリストテレスが献じたネーミングだといいます。

エコロジーの系譜をさかのぼると、源流はアリストテレスらの活躍した古代ギリシャに行き着きます。もちろんその時代には、エコロジーなどという言葉はありませんでした。しかし一九世紀に始まるエコロジーの前史として、ナチュラルヒストリー（自然史または博物学）があったことは、科学史でもしばしば注目される事実です。

古代ギリシャ・ローマからルネサンス、王政期、市民革命の時代へと続く西洋史の流れのなかで、ナチュラリスト（自然史研究者）の系譜はどんな意味をもっていたか。じつはその意味を問うことには、環境文化の大きなヒントがあります。

ルネサンスを象徴する言葉に、「世界劇場」というものがあります。

これはシェイクスピアやセルヴァンテスといったルネサンスの文学者たちが広めた考えで、古代ロ

ーマの詩人ペトロニウスの「世界の人々はみな役者として生きている」という言葉がもとになっています。世界は舞台であり、善人も悪人も、賢者も愚者も、富む者も貧しい者も、みな役者として自分の人生を生きているという意味です。教会の権威とモラルに縛られ、自然な人間性の発揚が見られなかった中世文化とのあいだに、かなり大きな開きを感じさせる言葉です。

とはいえ、身分制の枠を超えて自由に生を謳歌できる近代市民社会の到来は、まだまだ遠い先でした。それでも人間らしさをあえて抑圧したり、科学の発展を妨げたりするもののない時代が徐々に訪れつつあったことは明らかです。その意味でルネサンスは、学問や芸術の解放だけでなく、抑圧されていた生の解放が一歩進んだ時代でした。

古代ギリシャ・ローマで盛んだった自然史が、ルネサンスで再興をとげ、のちの時代にも受け継がれていった背景として、このように「生きる」ということへの根本的なまなざしの変化があったことは見逃せません。

さて、そのルネサンス期にはたくさんのナチュラリストが輩出しました。エジプトやトルコなどの東方を含む諸国を訪ね歩き、動植物を紹介したピエール・ブロン。海洋生物について大部の研究書を著したギヨーム・ロカールなどです。こうした自然史研究は、王権の時代には一層の拡がりと奥行きを見せ、「フランス植物学の父」と呼ばれるトゥルヌフォール、「二名法」という分類法を考案して植物の分類体系化をおこなったスウェーデンのリンネ、「用不用論」で動物の進化を初めて説いたラマルクらの業績につながります。さらにこのような分類体系化の傾向は、一九世紀の終わりにはダーウィンの進化論を生み、ダーウィンの信奉者であったヘッケルの命名によるエコロジー（生態学）を派生させることによって、現代の環境科学の一端へとつながる一本の線になるのです。

第1章でも述べたように、これはデカルトやニュートンによる要素還元主義の科学とはべつの流れでした。自然史は生物の体系をつかもうとする学問であり、いわば関係性をとらえる学問として独自の位置づけを得ました。自然史の方法は数学的な分析ではなく、膨大な自然観察の記録で成り立っています。たとえばビュフォンは、すぐれた数学者でありながら、「文は人なり」という名言でも知られた文筆家でもあり、フランスでいまも文学としての呼び声が高い『博物誌』を集大成したナチュラリストです。そのため彼を「文人科学者」と呼ぶのが通例になっています。さらにドイツのゲーテにいたっては、歴史上最も有名な文豪のひとりでありながら、自然史にもすぐれた業績を残しています。ナチュラルヒストリーが「自然の歴史」ではなく、「自然について書かれたすべてのもの」という意味をもつのは、このように古来、自然史が文字による伝承を旨としていたせいでしょう。

次ページの図は、そうしたナチュラリストたちの生きた時代を一覧にしたものです。各時代とも、人間精神の自由な働きを阻害する絶対的権威がそれぞれに影を落としていました。たとえばルネサンス期には、腐敗した教会によって歪んでしまった神の影。絶対王政期には、その神をも畏れぬ王の影といったぐあいです。しかしそんななかで脈々と受け継がれてきた自然史の伝統は、生きとし生けるものをありのままに観察し、自然界の全体像をとらえようとする学問であり、知性のあらゆる因襲から解き放たれた学問でした。

もちろん政治上の自由ではなく、学問上の自由をめざしたわけですから、ナチュラリストたちが体制に抵抗していたわけではありません。むしろ王室の庇護を受けていたり、みずから貴族であったり

する人々がほとんどであり、その意味では自然史研究は体制に順応した学問でした。

しかし注目したいのは、一九世紀になると科学者たちのあいだだけではなく、科学を職業としない人々のあいだにも自然史研究が拡がりを見せたことです。動植物や菌類などを研究する学会も増え、自然史が一種の社会現象のような様相を呈したのもこの時期です。

すでに一七世紀頃からヨーロッパに広まっていたカフェ文化も、この自然史ブームをいっそう加速させました。たとえばフランスでは、貴族階級の社交場としてサロンが見られましたが、カフェはむしろ大衆が自由に集える場としてにぎわい、多くの学者や芸術家もここで談論風発しました。とくに一八世紀フランスのカフェでは、ビュフォン、ルソー、ディドロといった顔ぶれが自然史の論議に花を咲かせています。ルソーはナチュラリストでもあり、社会契約説を唱えたソーシャリストでもありました。彼ほどではないにせよ、そうした万能人の素養をもった人々が、この時期にはめずらしくありませんでした。

1600	1700	1800	1900
ブロス(1586-1641)			
ジョン・レイ(1627-1705)			
トゥルヌフォール(1656-1708)			
アントワーヌ・ド・ジュシユー(1686-1758)			
ベルナール・ド・ジュシユー(1699-1777)			
リンネ(1707-78)			
ビュフォン(1707-88)			
ルソー(1712-78)			
アダンソン(1727-1806)			
ツュンベリー(1743-1828)			
ラマルク(1744-1829)			
ゲーテ(1749-1832)			
アントワーヌ・ロラン・ド・ジュシユー(1748-1836)			
キュビエ(1769-1832)			
サン＝チレール(1772-1844)			
ド・カンドル(1778-1841)			
ブロンニャール(1801-76)			
ダーウィン(1809-1882)			
ヘッケル(1834-1919)			

ナチュラリストたちの生きた時代

ちなみにこの当時、コーヒーはすでに西インド諸島やブラジルで栽培されていましたが、その最初の苗木はフランスで育ったものがアメリカ大陸に持ち運ばれたものだといいます。それはいまもパリ植物園近くの「ジュシュー通り」に名を残す植物学者アントワーヌ・ジュシューが、パリ植物園で温室栽培に成功した苗木でしたから、カフェ文化と自然史のあいだにはますます因縁浅からぬものがあります。

歴史学者で作家のジュール・ミシュレは、この時期のカフェに集まったビュフォン、ルソー、ディドロらがコーヒーを飲みかわしながら、「この黒い飲み物の奥底に八九年の光芒を見ていた」と記しています。

ここでいう八九年とは、もちろんフランス革命の起こった一七八九年のことです。

そして興味深いことに、ヨーロッパ史のなかでも突出して多くの自然史家を輩出したのが、この革命前後のフランスでした。この時期のフランスは、旧体制（アンシャン・レジーム）を打ち崩すこととなった「自由・平等・博愛」の精神が高まっていた頃です。有形無形の抑圧から人間と自然の知を解放してきた自然史が、この「自由・平等・博愛」の精神との相乗作用をもっていたと考えるのは、すこしこじつけめいているでしょうか。決してそうは思いません。生きることへの眼差しを変えさせた自然史は、フランス革命とも影響関係をもっていたといえます。このことは、科学と啓蒙が社会の大変革に結びついた事例として、環境文化の面目躍如たるものを感じさせます。

滅びかけたオオヤマネコの復活

伝統の知恵は、一方で負の教訓の宝庫でもあります。

人間の都合で失われた自然や生物は、そうした教訓の最たるものでしょう。

たとえばモーリシャス島のドードーという鳥、ジュゴンに似たベーリング海の海棲哺乳類ステラーカイギュウ、北アメリカ大陸東海岸のリョコウバトなどは、乱獲によって絶滅した動物たちです。

ひとつの生物種が絶滅すると、その生物が食物連鎖に果たしていた役割もそこで途切れ、生態系に綻びが生じます。いまではクローン技術が進展し、遺伝子的に見て絶滅動物に近縁の生物をつくり出すことも難しくなくなったといわれますが、クローンによって復活させた種を自然に放つことは、倫理的にも生態学的にも疑問視されています。

ところで、いま世界で絶滅が危惧されている動物のなかには、乱獲ではなく宗教上や保安上などの理由で虐待され、激減状態に追い込まれた動物もいます。またその後、自然のなかで保護され、復活しつつある動物もいます。ヨーロッパリンクス（ヨーロッパオオヤマネコ）もその一種です。以下はフランスで絶滅しかけたあと、復活することとなったヨーロッパリンクスの例です。

ヨーロッパリンクス（以下、リンクス）とその亜種は、ユーラシア大陸のさまざまな地域に生息していました。しかし中世から一九世紀末までのあいだに、リンクスは狩猟家や地域住民に追い立てられ、フランスでは一時、完全に姿を消しました。

リンクスには悪い迷信がつきまとっていたのです。ラテン語で「光」を意味するリンクスは、壁を見通す目をもち、人間を催眠術にかけ、悪魔と取り引きをすると中世以来考えられていました。耳先から伸びた長い毛が魔性のものを感じさせたのだといいます。またオオカミと並んで、人間を襲う肉食獣としても扱われていました。

一八世紀のビュフォンは、科学者の立場からこれを批判し、当時すでに絶滅しかけていたリンクスの保護を訴えました。それでもなお、「人間を襲う習性がある」という噂は絶えることなく、リンクスを迫害する人々は減りませんでした。実際には、リンクスが人間を襲うことはほとんどありません。警戒心の強いオオカミに比べ、リンクスは人間への好奇心が強く、そのせいで撃ち殺されたり、罠で生け捕られたりすることが多かったようです。

リンクスは夜明けやたそがれ時に単独で獲物を狙います。時速六〇～七〇キロのスピードで走りますが、オオカミのような持久力はありません。シャモア、ノロ、リス、キツネ、ノウサギ、野ネズミ、小鳥などの肉を食べます。家畜は大きすぎて捕食向きでないため、あまり獲物にされることはありませんん。ところが狩猟家や密猟者によって「家畜を食べる害獣」とされ、リンクスは不法に捕獲され続けました。毛皮が高く売れるせいもあったようです。

フランスでは一九七六年七月一〇日の法律で、リンクスの銃殺、毒殺、生け捕りが禁止されました。さらに一九七九年からは、ベルヌ条約によって、ヨーロッパ全土でリンクスの捕獲が禁止されています。

森林の減少で、リンクスの生息できる場所も狭められました。リンクスをふたたび生息させる唯一の手段は、とうとう「再導入」(réintroduction) だけになりました。つまり、べつの地域から同種の野生のリンクスを移入し、定着させる方法です。

すでに一九六〇年代の末から、フランスでは自然史学者によってリンクスの再導入が提案されていました。それまでリンクスを拒んできた人々が、地域でのリンクス受け入れに理解を示し、森林面積も回復してきたためです。ただし実現までには、リンクスを導入する地域の生態系をよく研究し、自然環境の利用者（狩猟家、牧畜家など）を説得しなければなりませんでした。

一方で科学者たちは、リンクスが家畜を食べることは少なく、餌はもっぱらキツネ、ノウサギ、モルモットなどに限られていることを明らかにし、狩猟家たちを説得してきました。事実、リンクスに捕食される家畜の数は時代を経るごとに少なくなっていました。牧畜の分業化が進み、羊飼いが専従で家畜の世話をすることが多くなったり、食肉用よりも搾乳用の家畜の方が多くなったりしてきたからです。

一九八三年、東部のヴォージュ山脈地帯で、フランス初の再導入がおこなわれました。ヨーロッパではすでにドイツ、スイス、ユーゴスラビア、イタリア、オーストリアが、この取り組みに着手していました。ヴォージュでは、一三回の再導入作業で二一頭のリンクスが放され、再導入が成功しました。

現在、およそ二五〇〇平方キロにわたり、一〇～三〇頭のリンクスが観測されています。マイクロチップをリンクスの皮下に埋め込んで、生息域を調査する試みもなされています。その調査によれば、今後フランス東部にリンクスのコロニー（集団生息域）ができる見通しです。いずれは東部からローヌ峡谷を越え、中部に定着すると見られています。

フランスでは、同じく再導入で定着したオオカミがアルプス山脈から「北上」しているのに対し、リンクスはジュラ山脈から「南下」しています。リンクスの再導入はいま、フランス国立狩猟・野生動物局の監視のもとにおこなわれています。

リンクスを絶滅の危機に追いやったのは、この野生動物を悪魔や肉食獣として恐れた人間の迷信でしたが、一方でリンクスを美しく神秘的な獣に見立てた伝説も各地にあります。再導入が成功した現在のフランスでも、リンクスが「最も美しい野生動物」として紹介される機会がふえてきました。これなどは、人間の意識が自然環境を良い方向にも悪い方向にも変化させることを示す実例でしょう。

アメリカで自然保護が始まった理由

環境保護への高い意識が自然公園として実をむすんだアメリカ
しかし環境のためにライフスタイルを変えたくない自由な国民気質
この矛盾を読み解くことも、伝統的エコカルチャーへのアプローチです

アメリカはシエラクラブやTNC（The Nature Conservancy）をはじめ、プロフェッショナルな自然保護団体を数多く抱える国です。

一方、アメリカは入植以来、三〇〇年足らずで広大な土地を開拓した歴史があり、それは自然破壊と先住民迫害の歴史でもあります。また、世界で初めてベルトコンベヤーを導入したフォード社の「モデルT」生産開始以来、エネルギーや物資を大量に生産・消費・廃棄する産業やライフスタイルを続けてきたのもアメリカです。

このように、一見エコとは矛盾する歴史をもった国で、なぜ自然保護の思想が芽生えたのでしょうか。この文明形態を読み解くカギも、やはり歴史にあります。

アメリカへの移住が始まった頃、ヨーロッパは長い寒冷期の始まりでした。その頃からヨーロッパ

全体に飢饉とペストが蔓延し、宗教戦争や侵略戦争の惨禍も広がっています。一七世紀はヨーロッパにとって、物理的にも精神的にも受難の時代でした。

新天地を求めてアメリカ大陸へ渡った人々は、体制の行き詰まりを迎えたヨーロッパを逃れ、自由で自立した暮らしをしたいと願っていました。彼らは開拓を進めつつ、本国イギリスから受けていた支配をはねのけて独立を果たし、続く南北戦争を経て産業革命も達成しました。こうしてまずアメリカの政治的・経済的自立が確保されます。

そんななかで、アメリカ人の精神的自立を説く人々が出てきました。

その一人がラルフ・ワルド・エマーソンです。エマーソンの思想には、「神」「自然」「人間」の三者が究極的には一致すると説く「超絶主義」があります。エマーソンにおいて人間の精神とは、表層の殻を除き去ったところでは神に等しく崇高なもので、また自然は人間精神の表象でした。この三者の対応関係を知るには、直観で物を見ることが必要だとエマーソンは考えていました。

難しい思想ですが、アメリカに入植した最初の人々をイメージするとわかりやすいでしょう。原生自然のふところに身を置いたとき、人間は自己とそのまわりを取り巻くものとの仕切りを意識しなくなります。このとき、人間の精神と一体化した神性が、空気や水や景観のなかにも遍在するものとして感じられます。ちょうどプレーリーに風が吹くのと呼応して、心にもひとすじの道が開けたように感じる――いってみればそういう感覚です。自然をみずからの欲求に従わせるのとは違い、また神を絶対者と見てその意志に人の心を添わせるのとも違い、この「超絶主義」は世界と一体化した自己であり、いわば絶対的な自立を意味します。またここでいう精神は個人に属するものではなく、人類という共同体全体の核にあたるようなものと考えられます。

さらにこのような自立的な生き方を実践したのが、ヘンリー・デイヴィッド・ソローでした。ソローは人間が生きていくために必要なのは最小限の持ち物と労働だけだと考え、マサチューセッツ州にあるウォールデン池のほとりで二年二カ月のあいだ質素な一人暮らしをしました。そのときの思索を記録したのが、『ウォールデン——森の生活』です。

さらに原生自然と人間の絆を問う姿勢は、ジョン・ミューアによってヨセミテ国立公園の創設につながりました。ミューアは自然保護団体シエラクラブの初代会長を務めたことでも知られています。

かつてさまざまな制約や束縛から逃れるために開拓され、征服された自然は、エマーソンからミューアにいたる系譜によって、とらえ方に変化が現れました。アメリカ人の自然保護観はこのあたりで形成されたといえます。それはアメリカの歴史の一部となり、生き方や倫理と結びついた思想的価値だけでなく、国立公園という制度によって支えられた有形の価値としても定着しました。ちなみにイギリスでナショナル・トラストや田園都市理論が現れたのは、それから後のことです。

もうひとつは大量消費文明との関係ですが、これも新天地を切り拓いたお国柄なのか、アメリカでは物質的な制約に縛られないライフスタイルが好まれてきました。

環境保護団体を支援する自然愛好家たちの層も厚く、遠くから自然保護ツアーに参加する人々もたくさんいます。しかし自然保護への関心が高い人々のあいだでも、電力の節約などには無関心な人が多いといいます。たとえば自然保護区で野外キャンプをしている自然保護ボランティアが、乾燥地にもかかわらず洗濯物を屋外には干さず、自動乾燥機で乾かしている、といったエピソードも聞きます。

このようなことからも、自然保護の意識の高さをもってアメリカの環境意識を測ることはできないというのが大方の見解です。環境のためにライフスタイルを変えたくないというアメリカの姿勢は、気候変動への政治的対応などにもしばしば表れています。

精神の自立が自然保護に結びつく一方、自由な暮らしぶりが環境よりも優先される。物事には必ず二つの側面がありますが、独立と自由を尊ぶアメリカの精神文化も、環境とのかかわりでこのように正負の両面が見られるということだろうと思います。

それでもアメリカは圧倒的な科学技術力を背景とする環境先進国であり、自然保護だけでなく、官・民の連携によるエネルギー・環境分野の取り組みでつねに世界をリードする成果をあげています。

慣習法はアジアの顔

多様な民族が統合と分散をくりかえしてきたアジアでは
地域の秩序と環境を守る役割を
しばしば慣習法が果たしてきました

中国の環境問題を取材したとき、次のような言葉に出会いました。

「上に政策あれば下に対策あり」。

政府が政策や規制を定めると、民衆は法の抜け穴を見つけ、巧みにかわしてしまうという意味です。

これは重すぎる税の取り立てなどに民衆が苦しめられていた古代専制政治下の中国では、大いに意味のあったことでしょう。多民族の国では、中央政府の打ち立てる政策が個々の地域の実情にそぐわない場合も多いからです。

しかしＧＤＰの伸び率が二ケタ台に達した一九九〇年代初頭の中国で、国家環境保護局の策定する環境基準を地方企業が無視していたときにも、この「上に政策、下に対策」という形容が用いられました。

「罰金ならきちんと払っている」。

国家法による規定を守らない企業は、そんなふうに公言して基準値をうわまわる排水や排気を続けてきました。まさに「下に対策あり」です。このような慣習が、現在の中国の公害を生み出した原因のひとつになっているのでしょう。

ただし、慣習というのはそういう負の面ばかりでなく、地域の秩序を守り、安定につなげる効果もあります。不文律として口承で受け継がれてきたものもあれば、成文法として記録に残っているものもあります。時代が変わっても一貫して変わらないものもあれば、不合理なものは改め、新しく必要が生じたものは補足して、今日まで命脈を保っているものもあります。もちろん資源や環境を守るために共有されてきた民族の知恵も少なくありません。

一三世紀のユーラシア大陸に空前の大帝国を築いたモンゴルのチンギス・ハンは、征服者であっただけでなく、すぐれた政治家・法律家でもありました。チンギスは諸部族を統一して最高権力を握ると、基本的な法律を整備し、「ヤサ」（またはヤサク）と呼ばれる成文法を定めました。「ヤサ」は現在まで断片的に伝わっていますが、そのなかには次のような規則があります。

「彼（チンギス・ハン）は人民が手を水に浸すことを禁じ、水を汲むには何にもあれすべて器をもってすべしと命じたり」

「彼はいまだ着古さず着用し得るにかかわらず、人民がその衣服を着用するを禁じたり」

「彼はいかなる物をも不浄なりというを禁じ、万物はすべて清浄なりとし、浄不浄の差異を設くることなかりし」

「水または餘燼（よじん）に放尿したる者は死刑に処す」

ここでいう「水」とは、貯水された水のことです。これらは部族全体で共有される水に関係のある禁令です。乾燥地で移住生活をする遊牧民にとって、水がいかに大切な資源だったかがよくわかります。また最後の禁令に出てくる「餘燼」とは、燃え残った火のことで、ここから水と同様、灰も生活に必要な資源だったことがわかります。

資源といえば、インドネシアのイリアンジャヤあたりには、「サシ」や「ティヤイティキ」などと呼ばれる慣習があります。これは資源の乱獲を防ぐために、一定期間、漁具を使って魚を獲ることを禁じたり、ヤシやビンロウジュの実の採取を禁止したりする慣わしで、違反者には罰金の制裁が科されます。サシをおこなうのは村の組織で、合議の仕方、罰金の額、サシが明けたときの祭式などには、きめ細かな施行細則が定められています。

サシは先祖から受け継いだ信仰や呪術と結びついています。たとえばモルッカのセタン岬では、原因不明の難破によって女性が行方不明になったとき、女性をさらった魔物の霊力を鎮めるために、三カ月間船の航行と漁労を禁じるサシがおこなわれたといいます。また果樹園で果実を摘んでいた人が木から落ちてケガをしたなら、その果樹園を二〜三カ月間は閉鎖し、魔術が解けるのを待ちます。

インドネシアやマレーシアには、サシと同じく民間の慣わしとして、「アダット」という決まり事もあります。これは「慣習」または「慣習法」と訳されています。アダットは土地に固有の掟や倫理的基準を内包していて、サシと同じく海洋資源や森林の管理にも生かされます。

私はマレーシアのランカウイ島で、アダットを受け継いでいる自然集落（カンポン）を見たことがあります。農業による自給自足で成り立つその村では、観光開発の進むまわりの地区とは異なり、先祖の言い伝えからくる伝統的な価値基盤にもとづいて土地が利用され、家畜が飼われていました。そこは古くは一木一草にも霊魂を見いだすトーテム信仰がおこなわれていたところです。カンポン全体で資源を共同利用していくアダットの決まりにも、こうしたアニミズムの信仰が根本に見られます。

オランダの法学者フォレンホーヘンは、インドネシアでアダットが実施されている法域圏を一九に分け、各法域圏に伝わるアダットを比較することで、文化的な多様性を論じました。地域特有の慣習や慣習法は、一九世紀には欧米諸国による植民地化への抵抗基盤、また独立後には中央集権化に対する地方分権の行政基盤とも見られてきました。

さらにはネイティブアメリカンや北極のイヌイットのように、アジア起源といわれる民族にも独自の制度文化や伝統的宗教があったことが知られるように、先祖から受け継いだ地域共同体の知恵にもとづく環境文化の多様性は、アジアの大きな特徴かも知れません。

海洋民族の挑戦

大陸を出た祖先たちによる
海洋ルート開拓の伝統を受け継ぎ
いま水没の危機にあっても、新しい歴史を刻む南太平洋の人々

南太平洋の島嶼国キリバスは、美しい環礁でできた熱帯の国です。

このキリバスを含むギルバート諸島があるミクロネシア地域では、古くから人々が一葉のカヌーをあやつり、漁労を生業(なりわい)としていました。星から海図を読み取るすぐれた習慣が受け継がれ、男たちの腕にはいまも、海の男を象徴する極彩色のタトゥーが彫られています。

西方起源とも東方起源とも伝えられるキリバス人の生い立ちは、大陸からこぼれ落ちたひと握りの移住者たちによる、無謀で果敢な南洋航海から始まりました。

舟はやがて浮き木(アウトリガー)を装備し、ダブルカヌー、帆舟へと発達していきました。しかし海上ルートを開拓する者たちにとって、太平洋をめぐる二つの事実だけはいつも変わりませんでした。

ひとつはこの海が近隣諸国との自由な交易路であること。もうひとつはそれが、はるか東西に拡がる大陸世界との出入りを阻む障壁でもあったことです。オセアニア地域が一六世紀まで固有の文字をもたなかったのは、もっぱら後者の事情によるものです。一方、日付変更線や赤道を隔てて点在する無数の島々が、もっぱら前者の事情から緊密に連絡し合うということはありませんでした。

一七七七年にクリスマス島を訪れたジェームズ・クック船長は、航海日誌にこう記しています。

「この島では生活物資が手に入らないので、たまたまこの島に漂着した者は不幸というよりほかにない。だがここから立ち去る者もまた、幸福とはいえないのである」。

クック船長は、ここは何もないけれど幸福な島だなどと考えたのではなく、たとえ住みついたとしても、うち続く生活不安は海難の危険にひとしく、想像を絶するほど苛酷なものだといいたかったのでしょう。

イギリスによる二世紀以上の植民地統治によっても、離島の孤立と海上交通の不便は解消されませんでした。のみならず、一九四一年には首都のあるタラワ島が日本軍の占領を受けて要塞が築かれ、一九四三年には日米の大激戦地となるなど、多大な損傷を被っています。

それから約半世紀が過ぎたいま、先進国からの経済協力もあり、キリバスは物流の悩みからは開放されつつあります。

ただし近年、もうひとつの問題に直面することとなりました。

こうした南太平洋の島々が水没の危機に見舞われていることです。

というと地球温暖化に結びつけられることが多いのですが、大きな原因はべつにあります。人口が増加したうえ、上水インフラの未整備のため、人々は長いあいだ井戸水に依存してきました。またそれだけでは足りないので、途上国でありながら、オーストラリアやハワイからミネラルウォーターの輸入もしなければならない現状です。

現地にいってみるとわかるのは、地下水の汲み上げが原因で、地盤沈下が年々進んできたことです。この島が徐々に沈んでいるのは、地盤沈下にその大半の原因があります。

ところが、「沈んでいない」と言い切る人たちがいます。「かりに温暖化で北極の氷が溶けても、地球の海面上昇はありえない。だから島が沈んでいるはずはない」という。これは物理の常識であって間違いではありません。しかしこのような人たちは、残念なことに島嶼国の水不足のことや、地下水の汲み上げのことは頭にないようです。これまでマスコミなどで話題になってきた、地球温暖化と海面上昇の関係しか見えていないのです。

一度も現地へいったことのない人が、その暮らしの現実や環境事情を知ろうともせず、一面的な事実だけで判断するからこういうことになります。環境問題は、まず自分の目で見て、現地の人とコミュニケーションをしながら考えなければ、どこかで大事なものを見落としかねません。どこでどう自分の暮らしとつながっているのかも、なかなか実感しにくいものなのです。

もちろん、地球をくまなく見て歩くことなど不可能ですし、私もそれほど多くの土地を訪れたわけではありません。しかし資料もあまり揃っていない土地を何度か訪ね歩くうちに、たとえ知らない土地の事情であっても、かつて見たことのある環境から類推できるようになります。現地のために自分の足元で何ができるのかというエコカルチャー的な発想も、そういうところから生まれてきます。

その意味でも、環境問題を読み解くうえで大切な姿勢は、やはり地域の伝統的な生活習慣に目を凝らすことだと思います。

ちなみにミクロネシアでは現在、スペースセンターの設立を含む科学研究拠点化の計画も進められています。あらゆる民族にとって、もはや海が相互理解への障壁とはならない時代がくるかも知れません。カヌーを宇宙船に乗り換えた「太平洋民族」が、ここから飛び発つこともあながち夢ではありません。

東西文明がここで融合するようにとの願いを込めて、彼らの航海日誌には日々新たな希望が記され、祖先に劣らぬ果敢な挑戦の歴史が今後もくりひろげられることでしょう。

第4章　渇きと痛みの処方箋

——文学・音楽・映像のエコカルチャー

▶*This chapter's keywords*

環境マインド　ネイチャーライティング　内なる生態系
もののあはれ　サウンドスケープ

人々の世界観を変えた読み物

私たちの環境マインドを揺さぶるアート作品
それは生の現実を前向きにとらえる力として
ときに感動の本質を教えてくれます

この章では、文学、音楽、映像などに表れたエコカルチャーを取り上げます。
カルチャーというと、心に残るアート作品を最初にイメージする人も少なくないでしょう。環境文化やエコカルチャーという言葉から私が真っ先に思い浮かべるのも、本章で取り上げるような小説であったり、音楽や絵画であったりします。そういうところから文化について語るのは、ごく自然なことだと思っています。

これまでの章では、環境文化の本質としてのシステムサイエンス的な物の見方を述べたうえで、それが私たちの暮らしや習慣とどうつながっているのかを見てきました。ここでは、人間精神の営みであるアート作品に、環境のとらえ方がどう投影されているかを見ていくことにします。

まずは言葉のアートである文学から。
環境文学というと、代表的に知られているのは、カーソン『沈黙の春』、ソロー『ウォールデン』、ホワイト『セルボーンの博物誌』、ジオノ『木を植えた男』、また国内では石牟礼道子氏の『苦海浄土』、宮澤賢治の童話などでしょう。近年、こういった作品は学校教科書でもよく取り上げられています。

このような環境文学のなかには、公害や地球環境問題を告発したものだけでなく、自然と向き合う人間の感覚や心情を扱った読み物も数多くあります。いわゆる「ネイチャーライティング」です。これは二〇世紀初頭のアメリカに始まったジャンルですが、一八〜一九世紀のヨーロッパで起こった「ナチュラルヒストリー」（「自然史」または「博物学」。第3章参照）の流れを汲むといわれます。

その意味では、アルド・レオポルド『砂の国の暦』、アニー・ディラード『石に話すことを教える』といった現代アメリカ文学だけでなく、ジュール・ミシュレ『海』、ゲーテ『イタリア紀行』のような近代ヨーロッパ文学、海洋や山岳などを背景にもった自然文学、さらに森羅万象と人間精神の響き合いをテーマにした世界中の詩歌や物語も、環境文学に含めてよいのではないかと思います。

ある人がゴッホ展を見て会場をあとにし、外の風景に何気なく目をやると、街路樹の枝ぶりがすべてゴッホの描いた糸杉と同様、空に向かって力強く屹立しているように見えた――そんな話を聞いたことがあります。私にもまったく同じ体験がありますし、似たようなことは文学作品の読後にもあるでしょう。ある本を読んだことがきっかけで、世界の見方が一変するというようなことが、とくに若い頃にはよくあります。そして環境文学も、エコシステムというフィルターを通した世界の見方を私たちに迫ってきます。環境文学の作品はいずれも、人々の世界観や自然観を大きく左右してきた読み物といえます。

こうして、まず時代も地域も度外視し、できるだけ全体像を広げたうえで、内容やテーマによって環境文学をいくつかのカテゴリーにくくるとすれば、次のように大別できるはずです。

(1) 環境問題の生々しい現実をとらえ、生態系倫理を訴えるもの
(2) 生態系における命の営みやかかわり合いを観察・描写したもの
(3) 自然と向き合う人間の感受性や想像力を刺激するもの
(4) 博物誌的な関心を呼び起こしたり、自然についての情報・知識を伝えるもの
(5) 環境についての思索や思想を述べたもの

こうした類型は、映画や音楽などの視聴覚芸術にもあてはめることができます。映画・演劇と比べると、音楽の場合は(3)がより多くのウェートを占めると思いますが、作品の背景、テーマや内在するメッセージ（歌であれば歌詞）まで含めれば、やはり(1)から(5)までを広くカバーしていると見ることができます。

ただし、以下ではこうした分類の順に沿って作品を取り上げるということはしません。それよりも、読者の環境マインドにどう訴えかけているかという観点から、いくつかの実例に目を向けたいと思います。多くの作品は環境の枯渇や破壊の現実をふまえていますが、心と地球のつながりを感じさせ、環境だけでなく一人ひとりの内面にとっても、渇きと痛みへの処方箋となる作品群だと思います。

森の記憶を呼び起こす――『失われた時をもとめて』『金枝篇』『真夏の夜の夢』

「ガリアとガロ・ロマンの文明は、
そのほとんどが森林文明だった」
（ミシェル・ドヴェーズ）

熱い紅茶に浸したマドレーヌ菓子を口に含んだ瞬間、忘れていた少年時代の記憶がよみがえる。――マルセル・プルースト著『失われた時をもとめて』のよく知られた一場面です。これは文学作品としてだけでなく、嗅覚と記憶の結びつきを物語るエピソードとしても、よく引き合いに出されます。それが環境とどうつながるのか。じつはこのエピソードは、「フランス人の深層意識をさかのぼれば、ケルトの森の記憶に行き着く」という壮大な考察のあとに述べられているのです。プルーストはここで、人の心の奥深くに隠れた記憶をテーマにし、原初の人間が文明の手ざわりについて語るように、それを解き明かしています。

カエサルによる征服以前、ゴールの地（現在のフランス）は鬱蒼とした原生林に覆われていました。この土地に住んでいたケルト人を含め、古代人たちの樹木信仰にもとづく独特な風俗習慣については、スコットランドの社会人類学者フレイザーが『金枝篇』にくわしく述べています。

「ケルト人の間でドルイドによるオーク崇拝があったことは誰もが知っている。聖なる木立ちは古代ゲルマン人の間でも一般的で、樹木崇拝は今日でも、その子孫たちの間で死に絶えてはいない」（『金枝篇』第一章第四節「樹木崇拝」より）。

また、ヨーロッパでいまも環境史の名著とされる『森林の歴史』の著者、ミシェル・ドヴェーズは、「ガリアとガロ・ロマン（ローマ帝国統治下のガリア）の文明は、そのほとんどが森林文明だった」という事実からヨーロッパ森林史を説き起こしています。そこでは半野生のウシやヤギやブタを飼ったり、穀物栽培や養蜂などをしながら、森林に暮らしていたケルト人たちの生活誌が語られています。いまでもフランス文化の源流は、キリスト教やギリシャ・ローマ文化と並んで、このケルトの森林文化だったといわれます。とくにブルターニュ地方には、海を隔てたアイルランドやスコットランドと同様、ケルト文化が色濃く反映されています。

またケルトの樹木信仰を底流にもったフランス文学は、「森の文学」としての一面をもつといわれます。シャトーブリアン、ネルヴァル、ルソー、アラン・フルニエ、ジュリアン・グラックといった作家や思想家たちの描いた、瞑想的でスピリチュアルな森林の景観にそれはよく表れています。

ケルト人によって畏怖の対象とされた森は、ガロ＝ロマン文化では征服の対象となりました。この時代からは原始的な樹木信仰に代わって、「生めよ、増えよ、地に満ちよ、地を従わせよ。また海の魚と、空の鳥と、地に動くすべての生き物とを治めよ」という旧約聖書の言葉（『創世記』第一章第二八節）に代表される考え方が、環境に対する人間の向き合い方に反映されてきます。つまり「人は神から自然を預託された」という考え方に立ち、自然の土地を切り拓く行為が正当化されました。さらに中世では、諸侯による荘園所有や修道院活動を経て、一一世紀のいわゆる「大開墾時代」へといたります。

イギリスでも、森はやはり両義性をもっていました。森は聖なる場所であるとともに、文明から隔絶された場所でもありました。聖人の庵(いおり)もあれば、夜盗たちが人目を忍んで生きるアジトもあります。世俗的な善悪を超越した要素もふんだんに見られました。たとえばシャーウッドの森でアウトローの集団を率いていた弓の名手ロビン・フッドは、しばしばジョン王の圧政に抵抗する義賊として描かれます。

人々が暮らす日常空間とは違い、森は「異界」ともいうべき妖しい精気の立ち込める場所でもありました。それを妖精と人間の饗宴というかたちで描いたのが、シェイクスピアの『真夏の夜の夢』です。この物語の舞台はアテネ近郊の森ですが、鬱蒼とした森の奥から不思議な生命力があふれ出すイメージは、五月祭の頃のイングランド中部から南部にかけての森林から着想されたといわれます。

ところでフランスでもイギリスでも、原生林の多くはニレ、ブナ、オーク、トネリコといった広葉樹でできていました。なかでもオークの木は、文学作品にも、自然景観を描いた絵画にもよく登場します。これに対し、山がちな地形のドイツでは、トウヒ、モミ、カラマツといった針葉樹が主流です。幅広の葉をもつ広葉樹と、細長い針のような葉をもつ針葉樹。この違いは、そのまま森に挿し込む光の違いであり、物語の装置としての森に明暗を与え、ひいては登場人物の性格まで左右します。こうした自然環境にもとづく比較文学の考察も、海外では数多く試みられています。

ただしドイツで針葉樹が多いといっても、ゲーテやシラーなどの描いた森は、やはりごつごつと瘤のある木肌をもったオークの木立ちでした。これはドイツでも同様に、ロマン派の先駆者たちには広葉樹が好まれたからでしょう。ドイツで針葉樹の植林が大規模におこなわれたのは近代になってからで、もっぱら産業向けでした。この場合はロマンよりも合理的精神が優先されたといえます。

「ありえない私」への旅――『ポールとヴィルジニー』『青い花』

異郷に舞台を求める文学には
失われた自然へのノスタルジーだけでなく
アルカディア的な共生社会の再生という願いも込められていました

ロマン派文学は、古典的な世界観から解き放たれ、イメージを大きく飛躍させたところにもその特徴があります。それは異国趣味＝エキゾチズムというかたちで、未知の環境に対する人々の情熱をそそりました。

その代表格がベルナルダン・ド・サン＝ピエールの『ポールとヴィルジニー』です。一八世紀にフランス領だったインド洋のモーリシャス島で、ともに幼少年期を過ごしたポールとヴィルジニー。二人のあいだには恋心が芽生えますが、ヴィルジニーは本国フランスへいったん渡ることになり、戻ってきたときに船の難破で命を落としてしまいます。そして悲しみのあまり、ポールも衰弱死してしまうという悲劇です。

この作品はロマン派小説のさきがけとして知られていますが、フランスでは環境文学の代表作としてもよく取り上げられます。というのも、モーリシャス島はポルトガル、オランダによる支配のあと、一七一五年にフランスが領有権を握ったときには、海岸線のほとんどの森林が失われていたため、しばしば「失楽園」にたとえられていたのです。しかし植物学者でもあったサン＝ピエールは、熱帯の花々が咲き匂うみごとな庭園をポールが築く場面で、モーリシャス島の魅力を余すところのない筆致で伝えています。それは失われた自然へのノスタルジーであるだけでなく、「ユートピアの再生」という理想も意味していました。

また、サン＝ピエールはポールとヴィルジニーの二人を、「幸福に反するきわめて多くの偏見で頭がいっぱいになったヨーロッパ人」とは違い、「自然が与えた智慧と喜び」に満たされた善男善女として描いています。つまり単なるエキゾチズムではなく、幸福に対する偏った考えを生まない自然状態こそ、人間の善を育む環境ととらえていたのです。このあたりはルソーの思想とも共通するものがあるでしょう。

しかし当時のほとんどのヨーロッパ人にとって、熱帯の楽園はやはり景観も価値観も、俗世を超脱した世界だったといえます。彼らは物語に描かれた未知の国に身を置くことによって、たまゆらの現実逃避をはかっていたでしょう。そのような作品はロマン主義文学に数多く見られます。自然界には存在しない純粋な青色をした花に夢のなかで出会った詩人が、その面影を求めて諸国を遍歴するというノヴァーリスの『青い花』も、まさしくそうした意味でロマン主義の代表作でした。

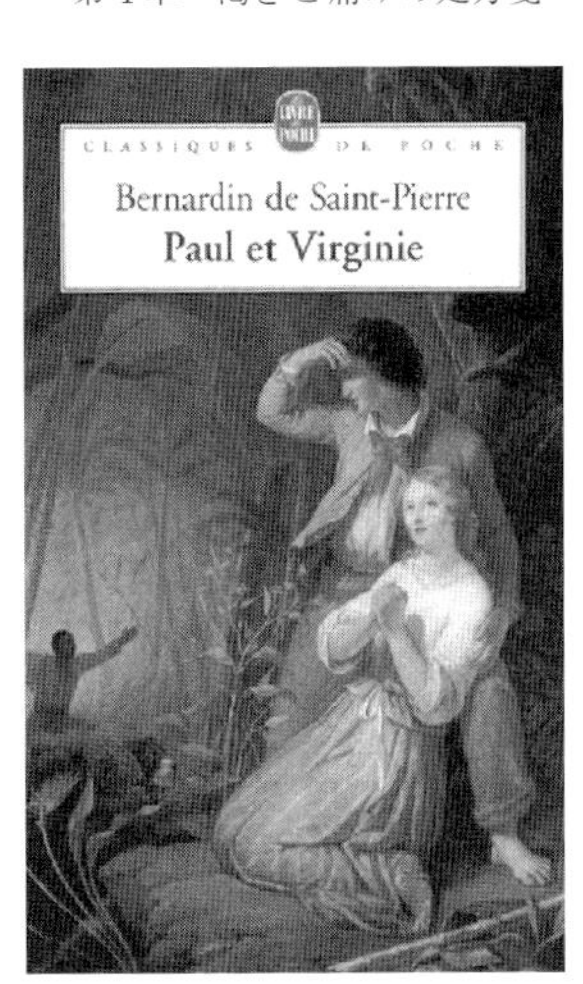

ベルナルダン・ド・サン＝ピエール作『ポールとヴィルジニー』

(Librio Texte Intégral, 2002)

大地はオレンジのように青い――エリュアールの見た「地球青」

自意識そのものが「ありえない」と思えるほどの
　非現実的な環境に人間精神を放り込み
それでも残る「私」が逆説的に追求された時代がありました

時代は一気に下りますが、二〇世紀にフランスで活躍した詩人や作家や思想家たちのあいだでは、日常的な自我から切り離された無意識の世界や、異文化のなかに聖なるものを認める文化人類学的なテーマが好まれました。

アントナン・アルトー、ミシェル・レリス、ロジェ・カイヨワ、ジョルジュ・バタイユといった書き手たちは、みな多少なりともシュルレアリスム（超現実主義）の運動にかかわったことのある人たちです。この時代になると、「私」への向き合い方がロマン主義とはすっかり隔たっています。つまりロマン主義に見られた自意識の高揚とはむしろ逆に、自意識そのものが「ありえない」と認識されるほどの非現実的状況に自己を放り込み、それでも残る「私」が逆説的に追求された時代といえます。

大地はオレンジのように青い
間違いなものか、言葉に嘘はない
言葉はもう歌わせてはくれない
こんどは接吻が睦みあう番だ

狂人たちと愛
彼女　その盟約の口
すべての秘密すべての微笑
それもなんという寛容のこころもだろう
彼女を全裸と思わせるほど。
雀蜂が緑に花ひらく
夜明けはうなじのまわりに
窓の首飾をかける
翼が葉を蔽う
きみにはあらゆる太陽の悦びが
地上のすべての太陽がある
きみの美しさの道すじに。

（田中淳一訳）

一般に環境文学とは見られていませんが、ポール・エリュアールの有名な書き出しで始まるこの詩も、言葉の新たな組み合わせによって成り立つ現実にフォーカスしています。そもそもオレンジは青くないから、「オレンジのように青い」ものなど存在するはずがない。ところがそれを大地の比喩として用いたとき、相反する言葉が思いがけず惹きつけあう一種の磁場に、読み手も否応なく引き込まれてしまいます。

　プリズムが日光をさまざまな色彩に分けるように、「大地」というたったひとつの言葉から、緑色に花ひらく雀蜂や、うなじのまわりに窓の首飾りをかける夜明けといった、無数のパノラマが展開します。

　またこの表現は、潜在意識に隠された現実を言葉の予期せぬ使い方で引き出すという、シュルレアリスムの一手法とも一致しています。「言葉に嘘はない」（les mots ne mentent pas：直訳は「言葉は嘘をつかない」）というセンテンスは、言葉が垣間見させてくれるもうひとつの現実をいまから語ろう、という前置きにもなっています。

　ここで描写されているのは愛する女性であり、エリュアールは無意識がとらえた自然を恋人の肢体になぞらえたといわれています。そしていみじくも補色の関係にあたる「オレンジ」と「青」のあいだで、新しいジオラマをとめどなく孕み続ける大地の変容が映しだされます。大地と地球をともに意味する“La terre”という女性名詞が、これほど現実の女性のイマージュと重なる詩もめずらしいでしょう。

　エリュアールの時代には、「地球環境」という視点はおろか、宇宙から地球を実写した衛星画像すら存在しませんでした。しかし詩人の五感はすでに、決してモノトーンではない「地球青」をとらえていました。

　逆にモノトーンの青を活かした芸術家として、イヴ・クラインがいます。クラインは青を「最も非物質的」で神秘的なエネルギーを感じさせる色として重用しました。

彼の理想とする青は、みずから開発した「インターナショナル・クライン・ブルー」という染料の青で、それを海綿に染み込ませたレリーフや彫刻、あるいはキャンバスに塗布した「モノクローム絵画」などで話題になりました。

「ガガーリン以前に地球の青さを知っていた芸術家」と形容されるイヴ・クラインは、展示会場に何も展示しない「空虚」の展示など、環境芸術の実験作でも知られています。

鳥の鳴かない季節――『セルボーンの博物誌』『沈黙の春』

環境文学の代表作『沈黙の春』

それは自然の変化に疑問を投げかける感性から生まれ人間存在を根底から問い直す倫理姿勢に行き着きました

このあたりで海外の環境文学の二大代表作にふれます。『セルボーンの博物誌』と『沈黙の春』です。

『セルボーンの博物誌』は、ロンドンの南西、ハンプシャーのセルボーンという村で、教会の副牧師をしていたギルバート・ホワイトの書簡をまとめた一八世紀の読み物です。博物誌といっても、植物標本が主流だった当時の自然史研究とは違い、ホワイトがおこなったのは、生き物たちの生態を日ごと夜ごと観察することでした。

まだ双眼鏡もない時代のことです。クロウタドリ、モリヒバリ、ムシクイといったセルボーンで観察される野鳥たちは、真夏になるといったん鳴くのをやめてしまいます。「落ち着きのない鳴き声をあげ、妙な身振りをくりかえす好戦的なノドグロムシクイは、人目を避けて山道や共有地に一羽でいるのを好んでいる」――ホワイトの目的は、動植物を分類することよりも、このように彼の関心を惹きつける生き物たちの生活史をつぶさに知ることにありました。

季節の移り変わりに沿って動植物の変化をたどっていくフェノロジー（生物季節学、花暦学）の手法は、その後も博物誌によく見られるスタイルのひとつになりました。ホワイトが聖職に身を捧げ、セルボーンという狭い教区で一生つつましい暮らしを送っていたことは、生態系の経時的変化を定点観測するうえで、大いに幸いしたといえます。

現在、『セルボーンの博物誌』は一〇〇刷以上を重ね、英語で書かれた本としては、世界で四番目に多く読まれているという統計があります。ちなみに、進化論のダーウィンが自然観察をするようになったのも、少年時代に読んだこの本がきっかけだったといわれています。

自然史の名作としてはこのほか、ビュフォンの『博物誌』、ピエール・ガスカールの『緑の思考』、アンリ・ファーブルの『昆虫記』『植物記』などが知られます。また日本の生態学者・南方熊楠の論文や、物理学者・寺田寅彦の随筆のなかにも、自然史的な発想から書かれたとおぼしきものが多数存在します。

次に、『沈黙の春』は一九六二年にレイチェル・カーソンが発表した著書です。カーソンはこの本で、農薬のＤＤＴが生態系に与えている被害を訴え、世界の環境保護運動に多大な影響を与えました。

生物学者で遺伝子学を修めたカーソンは、農薬が生態系に影響を及ぼすメカニズムを説き、残留農薬と遺伝子の関係にも目を向けました。その答えが『沈黙の春』、すなわち農薬で草木や虫たちが駆除されたことによって食物連鎖が崩れ、春に鳥が鳴かなくなったことを暗示するタイトルにつながっています。

カーソンはこれより二〇年以上もまえ、『潮風の下で』というネイチャーライティングを発表しています。これを読むと、文体こそ異なるものの、自然に対するカーソンの視点は処女作から一貫していたことがわかります。それはホワイトが鳥の鳴かない季節について考えていたように、カーソンも身近な自然のありようを決してあたりまえなものとして見過ごさず、ささいな変化にも「何が起こっているのか」「どうしてだろう」と問いかける姿勢を失わなかったことのあかしといえます。

一九六五年発表の著書『センス・オブ・ワンダー』のタイトルには、まさにそうした洞察力の大切さが表現されています。

ところで、私もかつて『沈黙の春』に衝撃を覚えた読者の一人ですが、そのいちばんの理由は、農薬のせいで鳥の鳴かない春があったという事実でもなければ、カーソンのすぐれてバイオコンシャスな感性でもありません。驚きはもっとべつのところにありました。

確かにこの作品のメインテーマは農薬禍です。しかしその背後にある文明批判の方は、もっと衝撃的でした。そもそも農薬に限らず、自然を改変して自分たちに都合の良いものにしていくのが環境に対する「悪」であるならば、その所業はもとをただせば「農耕」という、人間の生存になくてはならない営みに行き着いてしまうのです。

実際、そこまで考えるのがこの本の正しい読み方だと説く人も少なからずいます。耕作とはカルチャーの原義ですから、それは最終的に人間を人間たらしめている文化行動を問い直すことにもつながるでしょう。

こうして『沈黙の春』という作品の底流には、深遠なテーマが広がっていました。環境問題を問うことは、とりもなおさず人類のあり方そのものに疑問を投げかけることです。

生態系に良くないものをすべて排除しようとするラディカルエコロジストの立場を取るか。それとも、人類がみずから改変してしまった環境は、人類がみずからの責任で永久にその管理を引き受けるか。そのどちらかを選べという究極の問いと向き合ったとき、人類が存続のためにやむなく選び取った答えは、まぎれもなく後者でした。好むと好まざるとにかかわらず、環境を考えるうえではつねにこの認識が前提となります。

そのことを私たちに教えたのが『沈黙の春』です。これはもはや環境文学のテーマを超えて、人間存在そのものを根源から見つめ直す一冊ともいえるでしょう。

再生への希望を広めた物語――『木を植えた男』

自然を壊さずには生きていけないのも人間なら、失った自然を復元できるのも人間。

それを伝えた作品が、ジャン・ジオノの小説『木を植えた男』です。これはフレデリック・バックのアニメーションでも知られています。

南仏プロヴァンスの羊飼い、エルゼアール・ブフィエ。山林が荒廃し、泉や井戸が涸れて人も住まなくなってしまった土地に、彼はひとり黙々とドングリを播き、樹林を育てていました。この地をたまたま旅行してブフィエと知り合った主人公の青年は、第一次世界大戦を経てふたたびここを訪れます。ブフィエはすでに老人となっていましたが、広大な土地に森林を蘇らせていました。主人公はそのことに深い感銘を受けます。その後、ブフィエは救護院で静かに息を引き取りますが、彼が森林を再生した土地には小川が流れ、動植物の生命が輝き、人々が暮らしを営むようになっていました。

この物語は当初、ある雑誌に実話として投稿されたものです。にもかかわらず、実際はフィクションだったことがわかり、物議をかもしました。しかしその後、「実話でなかったことがこの物語の価値を損ねるものではない」ということに気づいた人々のあいだで、深い関心をもって受け入れられ、いまでは世界中で親しまれています。

シンプルでオーソドックスなこの物語が、なぜこれほど愛されたのでしょう。ひとつの大きな理由は、「木を植える」という行為が人間に深い安らぎと満足感を抱かせるということでしょう。そこには先ほど述べたケルトの樹木信仰のような、木に対して人間が感じる原初的な親しみもあるかも知れません。しかしもっと大きいのは、家族に先立たれ、仲間ももたずに孤独な暮らしを送るブフィエ老人が、自分の内面と向き合う瞑想的な暮らしのなかで、木を植えることにこだわり抜いたという点です。

彼を訪ねた主人公の青年が手伝いを申し出たときも、ブフィエは「これは私の仕事だから」と丁重に断っています。彼にとって木を植えることは、自然と向き合い、自然に対する人間の良心を一本一本の苗木に込めて大地に跡づけていく作業にほかなりません。誰のためでもなく、ただそこにいる自分と、それを取り巻く環境のつながりを意識する生き方といってもいいでしょう。

「たとえ明日、世界が滅びようとも、私は今日リンゴの木を植える」。

こう語ったというドイツの宗教改革者マルティン・ルターのように、あるいは米国ニューハンプシャー州の片田舎で、『夢見つつ深く植えよ』という内観的な庭づくりのエッセーを残したメイ・サートンのように、ブフィエも日々の自分にできることをひたすら遂行し、世界に対する深い思いやりを大地と共有することに全力を傾けています。

そんなブフィエの努力が実を結び、この土地に広大な森がひろがったとき、主人公はそれを「神に匹敵する仕事」と手放しでほめ讃えています。その言葉はブフィエを神格化しようとする表現ではなく、むしろ非力な人間がたったひとりで森を蘇らせることが、いかに苛酷な難事業であるかを物語っています。

アニメーション作品の方の『木を植えた男』では、ブフィエがここへくるまえに森林が破壊され、地域社会が崩壊するにいたったプロセスも描かれています。また炭焼きで細々と生計を立てていた人々の、資源をめぐる闘争も描かれます。しかしブフィエは最低限の暮らしのほかに何ももとうとせず、自分がドングリを播いている場所が誰の所有地かということもまったく意に介しません。再生林を訪れた役人に天然林と間違えられ、「決して山火事を出さないように」と釘を刺されても、泰然としています。

このような態度にも、彼が世間の制度や価値観を超え、ただみずからの使命感に従って木を植えていたことが表れているでしょう。

『木を植えた男』が、虚構であるがゆえにむしろ強い説得力をもち、共感を呼ぶ物語となったゆえんもそこにあると思います。自然と向き合う人間の良心や可能性に対する信頼に立ったうえで、そのような希望を体現できる人物を描かないことには、このような物語は成立しなかったでしょう。架空のキャラクターであるブフィエの生き方に多くの人々の共感が集まるのは、誰にでもある誠実な人間性への期待がそこに込められていたからではないでしょうか。

文明の闇と向き合って――『地獄の黙示録』『闇の奥』『ダーウィンの悪夢』

支配する側と
それを拒む側との苛烈な闘争は
現代のグローバリズムや新植民地主義にも引き継がれています

植民地主義や南北問題のテーマを扱った作品も、人権、労働力搾取、天然資源略奪といった地球規模の問題と結びついているため、広い意味での環境芸術と呼ぶことができます。ベトナム戦争の体験を題材にした映画には、『ディア・ハンター』『プラトーン』『七月四日に生まれて』などがありますが、作品のスケールと重厚さで大きな話題を生んだ映画に、一九七九年のフランシス・コッポラ監督作品『地獄の黙示録』があります。

この映画はイギリスの小説家コンラッドによる『闇の奥』という小説を下敷きにしていました。『闇の奥』とはどんな小説でしょう。二〇世紀初頭、作者コンラッドの船員時代の体験をもとに書かれたものです。舞台は中央アフリカのコンゴ川流域。主人公はフランスの貿易会社に雇われていたマーロウという船乗りで、物語は始めから終わりまで彼の回想で占められています。

それはこんなストーリーです。

コンゴの現地民とのあいだで象牙の取り引きをしているマーロウ。彼は同じ会社のクルツという白人男が本部の統制にそむいて奥地に暮らし、現地の密林で利得をほしいままにしていることを知ります。しかしその後、マーロウはクルツが熱病に冒されたという噂も耳にします。救出するためにマーロウが奥地へ分け入ってみると、クルツはすでに手遅れの状態でした。マーロウはこのとき、クルツが現地民のあいだでカリスマ的な権力をふるってきたことを知ります。武器を携えて郎党を従え、血なまぐさい手段で象牙取りに狂奔してきた略奪者が、いまマーロウの目のまえで死線をさまよっているのです。みずからの招いた闇のなかで熱病に悶えるクルツは、ついに"Horror! Horror!"(地獄だ、地獄だ!)といううわごとを遺して息絶えます。

この物語の背景には、当時のベルギー国王レオポルド二世が、コンゴ川流域の「私有地」と称する広大な略奪地で、現地の住民から想像を絶する搾取を行っていたという事実がありました。『闇の奥』の暗示的な文体には、そうした社会的不条理を浮き彫りにする鋭さが感じられます。

一方、舞台をベトナムに移したコッポラの『地獄の黙示録』では、『闇の奥』のクルツを彷彿させる人物、カーツ大佐がエンディングで語る長い告白に、同じく"Horror"という言葉を用いています。

さらに二〇〇一年、新しい編集をほどこして公開された『地獄の黙示録　特別完全版』では、このカーツ大佐の告白に、一九七九年のエンディングにはなかったひとつのエピソードが挿入されています。

それはベトナムの難民収容所で、カーツ大佐たちが現地の子どもにポリオの予防接種をした直後のことです。ベトコンがやってきて、その子たちの腕を切り落としてしまうのです。戦時に敵軍から受けた人道的措置をも排除するという設定です。

このときカーツ大佐は、アメリカ軍に対するベトコンの徹底した抗戦姿勢と、理性の介入すら寄せつけないほどの戦時統制を知ります。自由を脅かす者への妥協を許さない敵意と向き合ってみると、支配者側の論理はいかにもろく、傲慢ゆえの浅はかさが見え隠れしていることか――。カーツ大佐はこのとき「彼らには勝てない」と悟るのです。

物理・化学者で評論家の藤永茂氏は、『「闇の奥」の奥』という評論のなかで、『地獄の黙示録　特別完全版』のこの新しいエンディングに注目しています。同著によれば、コッポラ自身によって書き変えられたこのシナリオは、実際に起こった事件とかかわっていました。

それはコンラッドが『闇の奥』を執筆していた頃、先に述べたレオポルド二世の所有していたコンゴの密林で、手首を切り落とされた先住民の写真が撮られていたという事実です。撮影者でイギリス人宣教師の妻アリスは、その後アメリカに渡り、こうした暴力を氷山の一角とするレオポルド二世の非人道的な行為について、全米四九都市での講演で訴えたそうです。コッポラがこのような背景を知らなかったはずはなく、おそらくコッポラ自身も、これを『地獄の黙示録　特別完全版』に加えたことによって原作に近づいたと考えたと、藤永氏は強調しています。

このような見方に接すると、植民地支配の狂気を描いた原作『闇の奥』の衝撃もさることながら、それを翻案した『地獄の黙示録』が、原作をうわまわるほど不条理な現実をえぐり出していたことに慄然とします。

さらに、これは現代のグローバル経済にも見られるいくつかの問題、たとえばフーベルト・ザウパー監督がドキュメンタリー映画『ダーウィンの悪夢』で世界に知らしめたような、先進国主導の貿易システムが生み出す途上国の貧困や資源濫用といったテーマにまでつながってきます。

支配しようとする者と、それを拒む者との苛烈な闘争劇は、現代のグローバリズムや新植民地主義に引き継がれています。

凄絶な海の記憶──『苦海浄土』

「生存の土壌を変質させ、内なる生態系の切断された階層には、自然を体現する農漁民の心性が読み解けなくなった」（石牟礼道子）

川や海に廃液を流したり、毒々しい廃気を煙突から噴き出したりする工業地域の風景は、いまの若い人にはイメージしにくいかも知れません。かつて次のように描写された海も、今日の日本の海からはまったく想像できないでしょう。

「海は網を入れればねっとりと絡みついて重く、それは魚群を入れた重さではなかった。工場の排水口を中心に、沖の恋路島（こき）から袋湾、茂道湾、それから反対側の明神ガ崎にかけて、漁場の底には網を絡める厚い糊状の沈殿物があった。重い網をたぐれば、その沈殿物は海を濁して漂いあがり、いやな臭いを立てた」

これは石牟礼道子氏の小説『苦海浄土――わが水俣病』の一節です。ここでいう「沈殿物」には、熊本県水俣市の化学工業企業チッソ（当時の名は新日本窒素肥料）が垂れ流した廃液に由来するメチル水銀が混ざっていました。このメチル水銀が食物連鎖の過程で人体に蓄積され、中枢神経の障害をもたらしたのが水俣病です。

『苦海浄土』には、この水俣病を発症した患者の言語を絶する苦悩と怒り、そして被害地域の生態系および社会の崩壊が描かれています。発表当初、この作品は公害問題を告発したルポルタージュのように受け止められました。しかし「わが水俣病」という副題からもわかるように、そもそもこの作品は水俣の凄絶な記憶を抱える著者・石牟礼道子氏が鎮魂の思いを込めた私小説として書かれています。

発症地域である不知火海の沿岸は、多数の死者を含む患者とその家族の帰らぬ日々、引き裂かれた社会の絆、壊された生態系秩序などにより、まさに事実上の「苦海」であったことがよくわかります。水俣病訴訟に立ち上がった被害者の怒りや、胎児性水俣病患者の呻吟も伝わってきます。それは昭和四三年に始まった補償交渉で、水俣病患者互助会が提示した額に対し、チッソ側がゼロ回答で応じたときの、次のような被害者の言葉に集約されています。

「銭は一銭もいらん。そのかわり、会社のえらか衆の、上から順々に、水銀母液ば飲んでもらおう。上から順々に、四二人死んでもらう。奥さんがたにも飲んでもらう。胎児性の生まれるように。そのあと順々に六九人、水俣病になってもらう。あと百人ぐらい潜在患者になってもらう。それでよか」

（「あとがき」より）

一方、水俣が本来もっていた豊かな自然の描写はやりきれぬほど美しく、水面下で進行していた極限状況との対比をなしています。

「海岸線に続く渺渺たる岬は、海の中から生まれていた。

岬に生い茂っている松や椿や、その下蔭に流れついている南方産の丈低い喬木類や羊歯の類は、まるで潮を吸って育っているように、しなやかな枝をさし交わしているのだった。そのような樹々に縁どられた海岸線が湾曲しながら、南九州の海と山は茫として、しずかにふかくまじわりあい、むせるような香りを放っていた。人びとのねむりはふかく、星が、ちかぢかと降りてくるこういう夏の未明には、空の玲瓏さがもどってくるのである。

みしみしと無数の泡のように、渚の虫や貝たちのめざめる音が重なりあって拡がってゆく。それは海が遠くて、みちかえしてくる気配でもある。優しい朝。ニワトリが啼く。

対岸の天草に、かっと、朝日がさす。松蝉がジーッ、ジーッと試し鳴きをはじめる。やがてそれが炒り立てるような全山の声となる」。

ここには「近代以前の自然と意識が統一された世界」と評された風景描写が見られます。壮絶な悶えのなかで犠牲者たちがこの自然に還っていくことを思うとき、どうしても「魂」という言葉と切り離せない生々流転の原風景が見えてきます。

後年の著書『潮の呼ぶ声』のなかで、石牟礼氏は次のように述べています。

「不知火海沿岸漁民の大半は、兼業農家である。つまり変質してしまった日本人の中で、自然そのものとなって生きている人びとである。生存の土壌を変質させ、内なる生態系の切断された階層には、自然を体現する農漁民の心性が読み解けなくなった。そのことを逆に患者たちは、この国の機構のことも、文明的種族のいろいろをも、その何たるかを病んだ身の骨に火をつけて灯りにして読みといてきたのだった。

『本願の会』を結成して、水銀の爆心、埋立地に集った患者有志はそれぞれ凄絶な過去を背負いながら、『企業も政府も引き受けないならば、その罪の結果を、あらためて自分らが引き取る。そのことによって躰は死んでも、魂は決して死なない』という宣言をした」。

『潮の呼ぶ声』ではさらに、この宣言の文案を作成した緒方さんという患者さんの、次のような言葉も引用されています。

「病んだことのなか人にゃ、伝わるみゃ。よかよか、石にならら、石の地蔵さまにならこの気持ちを託される。小さな子たちや、ふつうの婆ちゃんが手を合わせてくれれば、後の世に残す自分らの本願、ここに生きたことが伝わるじゃろう」。

「苦海」がいかにして「浄土」となるか。それはこうした言葉からも伝わってくるようです。決して「生命の尊厳」などといったとおり一遍のヒューマニズム的評語ではくくれない世界像。それを無比の文学表現で描いたのが『苦海浄土』です。そこには五体の自由と言葉を奪われた患者たちの声を形見として受け取り、不知火海に鎮魂する宿命を負った著者の祈りが込められているといえます。

悲歌を超えた問いかけ——『春を恨んだりはしない』

二〇一一年三月一一日に東北地方の太平洋側を襲った大地震と津波は、戦後最大の天災でした。その直後、東京電力福島第一原子力発電所で起こった一連の大事故は、人災として非難が集中しました。東日本大震災は、これら天災と人災の両面をもつ、永久に風化させてはならない大惨事の記憶となりました。

その半年後に出版された池澤夏樹著『春を恨んだりはしない』は、震災をめぐるさまざまな考察が述べられたエッセーです。被災地の苦難、自然の猛威をまえにした人間の無力感、新しいエネルギー技術と政治革新への期待など、多方面からのアプローチでこの災害の奥底にあるものをとらえています。

この本のはじめの方で、意志をもたない自然に問いかけるくだりが出てきます。前提となるのは、自然のメカニズムは人間に対して無関心であるということ、そして天災もそのひとつであるという基本的認識です。

宮沢賢治の短編『水仙月の四日』も引用され、そうした自然の原理を知りながら、なおかつ人間へのやさしい配慮を望む賢治の思想に目が向けられます。その思いは、地震や津波が「襲った」と私たちが表現するときに見られるような、あたかも自然に害意があるかのような感じ方や、震災直後でも例年と変わらず開花する桜に思わず抱いてしまう空疎感にも見られるといいます。そしていまも日本人の心に大きく横たわる喪失の感覚を、ポーランドの詩人ヴィスワヴァ・シンボルスカが夫を亡くしたときに書いたという、次のような詩になぞらえています。

またやって来たからといって
春を恨んだりはしない
例年のように自分の義務を
果たしているからといって
春を責めたりはしない

わかっている　わたしがいくら悲しくても
そのせいで緑の萌えるのが止まったりはしないと

（沼野充義訳）

震災直後の被災地に訪れた春の記憶は、まるで時間が止まってしまったような虚無感に包まれています。この詩はまったく別のことを歌っていながら、期せずして当時の感覚をそのまま蘇らせます。連日の報道で膨らんでいく死者と行方不明者の数。悲嘆に暮れるよりもまえになすべきことがあると感じていながら、身動きもできない無力感に多くの人々が苛まれていました。

著者の池澤夏樹氏が知る被災者たちのなかで、「なんで自分がこんな目に？」と恨みごとをいった人はひとりもいなかったといいます。その決然とした態度のうちには、自然に対してぶつける悲嘆よりも、もっと重たく容赦ない苦悩があったと見るべきでしょう。自然と人間のつながりへの根源的な問いかけがあったと考えるべきでしょう。

失われた命や暮らしや風景のことを、これからも幾度となく思い出し、すこしずつ喪失を受け入れなければならない過程でくりかえすことになる自然との対話。人間の生死にはおかまいなく変化し続ける自然を受け入れつつ、それでも自然と人とのあいだの関係を言葉によってつなぎ直していくための、いわば悲歌を超えた問いかけです。

著者はそうした自然との対話について述べた章を次のようにしめくくっています。

「春を恨んでもいいのだろう。自然を人間の方に力いっぱい引き寄せて、自然の中に人格か神格を認めて、話し掛けることができる相手として遇する。それが人間のやりかたであり、それによってこそ無情な（情というものが完全に欠落した）自然と対峙できるのだ。

来年の春、我々はまた桜に話し掛けるはずだ、もう春を恨んだりはしないと。今年はもう墨染めの色ではなくいつもの明るい色で咲いてもいいと」。

言葉による魂の救済――夢幻能『清経』

フィジカルな環境とメタフィジカルな環境
両者の橋渡しをするもののひとつに人間の言葉があります
能楽はそのことを千年もまえから伝えてきた語りの芸術です

対話といえば、もうひとつ特筆しておきたいのが舞台演劇です。現代劇にせよ、古典劇にせよ、演劇のほとんどは対話で成り立っています。なかでもわが国の「夢幻能」と呼ばれる能の演目には、しばしば対話によって魂を救済する物語が見られます。

死者の亡霊がシテ（主役）となって、生前に言い残した言葉を生き残った者に語り、胸のつかえを降ろして成仏する。これが「夢幻能」の構成です。

「夢幻能」は「現在能」とともに、能のカテゴリーを二分する演目のひとつとされています。夢幻能の演目には、彼岸と此岸、幻想と現実、無意識と意識といった異次元のものを対置する場面設定がしばしば見られます。

ここではそんな夢幻能の演目のひとつ、世阿弥の『清経』を見てみましょう。

『清経』のモデルとなった人物、平清経は、源平の合戦で都落ちした平家一門の武将のひとりです。平家は現在の福岡県にある筑紫という土地で源氏に敗れ、清経は「敵の手にかかるよりはいっそ……」と、入水による死を選びます。後世、この話をもとに世阿弥が書いた演目が『清経』でした。あらすじは次のようになります。

入水した清経が残した形見の髪は、家臣の粟津三郎（ワキ）によって京に持ち帰られ、清経の妻のもとへ届けられます。しかし武将の妻が嘆いたのは、夫の死そのものではありません。討ち死にや病死ならばともかく、妻である自分を残して自害した夫。その身勝手さを妻は恨んだのです。そこで妻は、「見るたびに心づくしの髪なれば憂さにぞ返すもとの社に」と、形見の髪を見ることもなく、粟津に突き返してしまいます。

その夜、ひとりで泣き寝入りをする妻の許へ、清経の霊が現れます。妻は夫に恨みをぶつけますが、夫にも夫の言い分がありました。彼はいくさに敗れ、わが身の行く末を案じて宇佐八幡の神に願ったところ、祈ってもどうにもならぬと神に突き放されたので命を絶つことにした、というのです。それを聞いた妻はまたしても悲嘆にくれます。

ついに清経を待ち受けていたのは、死者として「修羅道」という奈落に落ちる苦しみでした。しかし悶えの果てに清経は、いまわの際に唱えた十念のおかげで成仏できたと語り、妻のもとを去っていきます。

「夢幻能」では、死にゆく者が遺恨の念をひとくさり述べたり、人と死別した悲しみをあらわにしたりします。聞き手のワキは、通りすがりの僧侶であったり、たまたま居合わせた民であったりします。いずれにせよシテは語り、ワキやツレがこれを聞くことによって、シテが極楽往生していくのです。人間だけでなく、ときに動植物や精霊までもが登場し、言葉を共有します。

ただ、『清経』の場合はすこし違っています。死別した夫婦があたりまえのように顔を合わせ、千々に砕けた思いを通わせ、感情のもつれた糸をほどいては結び直すようなやりとりをしています。それはむしろ、生きて顔を合わせる日常の夫婦関係では叶うことのない心の通い合いだったのかも知れません。深層でしか共有できなかった思いを、夫婦は夢とも現（うつつ）ともつかない時空に助けられて、遠慮なく吐き出すことができたのです。愛しさ余ってのなじり合いと見えながら、それは互いの人格の尊厳を賭した、一歩も譲れぬ押し問答となります。

離別した魂が結び直され、ほつれた絆が繕い直される。ここから見えてくるのは、たとえ夫婦であれ、親子や兄弟であれ、人間にはどうしてもわかり合えない心の領域があるということです。またそれゆえにこそ、踏み越えがたい橋掛かり（能の舞台装置。彼岸と此岸の結界としての意味をもつ）をどうにかして渡り、言葉や思いを託すことなしには往生できないということがあるのではないでしょうか。これは自然界でも同様です。生きとし生ける者は生殖という営みを通じて、新たな生に言葉（遺伝情報）を受け継いで死んでいきます。この「生↓愛↓死」の循環プロセスで進化を遂げるのが、人間を含む有機体の姿でしょう。

先ほど述べた彼岸と此岸、幻想と現実の見えない結び目が、観る者を不思議な感動へと誘うのは、人間であれ動物であれ、そのような命と命のあいだの情報伝達の瞬間です。そんな一瞬に出会えることが能の醍醐味ではないかと思います。

静のなかの動と、充実した沈黙が緊張し合う舞台で、聖と俗の境界が呼び起こす一瞬の魂の揺らぎ。これも大きな意味での「言葉」としてとらえれば、能は「いのちの言葉」で紡がれた物語といえるでしょう。それは能がどのような時代や環境に置かれても持続可能な芸術であることの証しともいえます。

海を越えた「もののあはれ」――高島北海とエミール・ガレ

「生↓愛↓死」のサイクルでできた自然界の循環、あるいは世代交代。これはもちろん「色即是空」や「有為転変」といった仏教的な無常観にも通じています。

さらに中世以降には、武家文化の「わび」「さび」の感覚とも結びつき、「もののあはれ」という独特な日本文化のエッセンスが生まれました。

こうした文化の性格が、四季のうつろいのある日本の気候や風土と密接なかかわりをもつというのは、多くの日本人にとって異論のないところでしょう。

しかし、「もののあはれ」は日本人だけのものでしょうか。「もののあはれ」に代表される日本人の自然観の特質を考えるうえで有益なのが、一九世紀末のヨーロッパ芸術と日本文化のかかわりです。浮世絵や花鳥画などの影響を受けたジャポニスムは、当時の絵画の流行でした。ことに興味深い人物として、ガラス工芸品に日本文化の要素をふんだんに取り入れたエミール・ガレがいます。

光を通過させる淡い色調の層。草花の文様をあしらったもうひとつの層。やわらかく折り重なって交わる色光のなかで、ここを先途とクサカゲロウが乱舞する――。自然をモチーフとするガレのガラス工芸品は、水墨画の幽玄な趣とは違うものの、日本人の美意識とどこか通じるものがあります。

事実、ガレの世界には一人の日本人の痕跡がありました。一世紀以上も昔にさかのぼりますが、それをおおまかにたどってみましょう。

エミール・ガレは一八四六年五月四日、フランスのナンシーに生まれました。ナンシーは鉄鋼業で栄えたロレーヌ地方の都市です。この街には昔から、ENGREF（Ecole nationale du génie rural, des eaux et des forêts）というフランス有数の治水・林業学校があり、いまも環境・土木分野に多くの人材を輩出しています。そして明治時代、この学校に日本政府から三年間派遣され、植物地誌学を学んだのが高島北海でした。

北海は農商務省の官僚で、派遣された当時は三〇代半ばでした。フランス語と地質学に秀でた異才でありながら、日本人のアイデンティティをかたときも崩さない、気骨ある明治男です。高島北海という名は、画家としても活躍した彼がのちに名乗った雅号で、彼の本名は高島得三といいました。

ナンシーに住んだのが縁で、北海はガレと出会うことになります。当時のパリは「世界の首都」と呼ばれるほど隆盛をきわめていましたが、北海はフランス中華思想の軍門にはくだるまいと気負いを見せていました。彼がどのようにガレとあいまみえたのかについては、作家高樹のぶ子氏の小説『HOKKAI』（新潮社）に描かれています。この小説には、おそらく作家の想像力もまじえながら、とても興味深い情景や場面が挿入されています。

二人を引き合わせたのは、ヴィクトール・ルモワーヌという園芸家でした。北海はルモワーヌの紹介で初めてガレに会ったとき、日本の苔の一種である「イワニクイボゴケ」を贈り物として差し出します。フランス人が目もくれそうにない地味な植物。しかし日本の庭園づくりには欠かせず、日本人の美意識の底流をまさに覆っている苔。もっとも、イワニクイボゴケはお世辞にも美しいといえる苔ではなく、むしろグロテスクな部類に属します。それをガレの目のまえに差し出すことで、北海は彼を挑発したのです。「あなたの考えるジャポニスムが、どの程度のものかを私は知りたい」と。北海は、当時のフランスで流行しつつあったジャポニスムが、いかに底の浅い日本趣味にすぎないものかを知り、とうに嫌気がさしていたといいます。

このような挑発に対し、ガレは当初ひるむのです。この真摯な態度からも、ガレのとらえていた日本文化は決して浅薄なものではないことがわかります。また北海も、自分の態度がすこし意固地になりすぎたかと気にかけ、紹介者のルモワーヌにその胸の内を明かしたりもしています。

しかしこのとき、園芸家ルモワーヌは北海にこういいます。

「エミールは、一度嫌いになった人間しか好きにならない」（『HOKKAI』）。

1889-1990年のガレ制作の花器（左）と，高島北海の水墨画「猫に蝶図」
（サントリー美術館『エミール・ガレ展2005』カタログより）

ガレと北海は、このように一方でコマのように撥き合いながら、他方で木霊のように響き合う存在でした。しかしそれは彼らふたりの関係にとどまらない気がします。東西文化の出逢いや、自然観をめぐる東西の衝突と相互理解も、私たちが歴史を通して知るかぎり、おしなべてこのような経過をたどってきたといえないでしょうか。

「もののあはれというのは、枯れて消えていく、という意味ではありません。いま咲き誇っている花も、すぐに散っていく。すべては時々刻々と移ろい変化していく。だからこそ、花を美しいとも感じるし、花の生命も際立ってくる。もののあはれというのは、ですから、生命を愛でる方法なんです」（『HOKKAI』）。

ガレに対してこのように「もののあはれ」を説いたとき、北海は「ついに言ってしまった」と内心悔やんでいます。パリ万博（一八七八年）で果敢に名声をつかみ取ったガレと同じく、四歳下の北海もまた上昇志向のかたまりでした。そんな北海が、近代の「進歩の思想」に抗（あらが）うともとられかねない「もののあはれ」をガレに説いたのです。これは開国まもない近代日本を背負い、西洋かぶれになり下がるまいと気負いすぎたあげくの自家撞着でした。

しかしガレの方も、北海の言葉にたじろぎつつそれを敢然と受け止め、「もののあはれ」を独自の解釈で自分のものにしていきます。その変化がどのようなプロセスをたどったのか、詳細はわかりません。ともあれ、その後北海の説いた「もののあはれ」は、ガレのなかでガレなりに消化され、新しい「もののあはれ」に結びついていきました。北海もその成果をいさぎよく認め、のちにプルーヴェという若い芸術家にこう語ることとなります。

「日本には、ワビとかサビという感覚があるけれど、（ガレのデザイン画には）それは感じない。ワビ、サビというのは質素な生活、たとえば藁でふいた屋根の家とかもっと小さな家、庵とか。食べ物も野や山や川で手に入れたもので満足する生活にしか生まれないものです。人間が大自然の一部になって漂っている感覚ですね。それはフランスにはない。石で何百年ももつ家を建てて、自然を支配しようとしてきたのですから。でもそのかわり、さっき見たガレの植物には狂気がある。絶えていくものの凄味といいますか。あでやかさでしょうね。ここぞとばかりに、生命を見せつける。でもそれも〝もののあはれ〟なんだと私は思う。とてもとても〝あはれ〟です。色を抜いた世界と、色や光を過剰にため込んだ世界の違いはあるが、壊れていくものの力強さは、色や光の世界のほうが大きいかも知れない」（『ＨＯＫＫＡＩ』）。

エミール・ガレの作品には、はかない輪郭をもつヒトヨダケや展翅類の生を一瞬に閉じ込めた図柄もあれば、仏領ギアナの熱帯雨林をヘラクレスオオカブトが闊歩している構図もあります。ときに荘厳、ときに妖艶。そのとらえ方は、見る者の心境や年齢によってもさまざまでしょう。

ただしどんなときも一様に感じられるのは、決してリアリズムではないのに、生命の真実に肉薄する表現力と、その根底でどのような命の焔（ほむら）も決して棄て置くまいとする、生態学者の執着にも似たねばり腰でした。確かにそれは、良い意味で「狂気」と紙一重といえます。

北海との交流から見えてくる、これこそがエミール・ガレの真骨頂でしょう。絶えゆくものの凄み。壊れゆくものの力強さ。安っぽいリアリズムは排しながらも、この世のあらゆる光を小さな器にとどめるため、技術の向上と自然の探究をたえまなく繰り広げた芸術家がエミール・ガレです。彼は植物学、海洋生物学などで多角的に自然の真理をひもとき続けるサイエンティストでもありました。

エミール・ガレは白血病により、五八歳で死去。ガラス作品と同じく彼自身の生もまた、ごく限られた歳月に凝縮された光の饗宴でした。

北海は帰国後、林政にたずさわりながら画業を続け、八〇歳で死去。死後数十年を経て、「日本とナンシーを結んだ人物」としてナンシー市から功績を讃えられています。

風景としての音――「家具の音楽」アンビエント・ミュージック　サウンドスケープ

風景から切り離されていた音が
現代においてふたたび風景へと回帰したとき
たったひとつの音だけでも成立しうる環境音楽が生まれました

東南アジアの水田で、牛鈴（カウベル）をつけた水牛が、のどかな鳴き声を発しながら畦道を歩いていく。そんな情景を思い浮かべてみてください。

畦道のぬかるみで泥のはねる音。カツンカツンという牛鈴の音色。伸びやかな水牛の声。それぞれが独立しながら調和を保ち、のどかな風景をかたちづくっています。

「静けさや岩にしみ入る蝉の声」

芭蕉のこの句に詠まれた蝉の声もそうでしょう。このように、たったひとつの音によって成立している風景も存在します。音とはそもそも、風景を成り立たせている要素です。

一方、近代音楽では、音は作り手のイメージを表現する手段に変わりました。人々はさまざまな思いを器楽や歌に込め、聴き手とともに感動を共有するようになります。

もちろん、自然のなかで音に聴き入る伝統や習慣がなくなったわけではありません。たとえば日本の庭に見られる鹿威（ししおど）しや、もっと身近なところでは風鈴。これらは音楽というより、周囲の景観に溶け込む音を楽しむための民具として継承されています。

ただ、音に感動を求めるときの主流はやはり歌や器楽といった音楽に変わりました。西洋のクラシック音楽に代表される近代音楽では、音楽理論や演奏技術が確立され、聴衆による感動の共有のしかたが様式化されました。またその後のポップミュージックの普及は、音楽を大衆の手の届くものにし、聴き手だけでなく作り手や奏者のバリエーションも生み出しました。

しかし蝉の声のような自然音と違って、音楽はさまざまな楽器や声の重層的な組み合わせで構成されていることが多く、ときには音の洪水のような印象を与えることもあります。曲の始めから終わりまでパーカッションが鳴り続け、一定の拍子を刻み続けることに違和感を覚える人もいます。

作り手が何かを表現した楽曲よりも、聴き手がいま置かれている環境と調和した、最小限の音というものが必要な場合もあるはずです。民族音楽の一部をべつとすれば、従来の音楽ではこうしたニーズを満たすことができませんでした。

そんな発想、あるいは反省から生まれたのが、音をオブジェや風景としてとらえ、音空間をデザインするという試みです。これは意外に歴史が古く、二〇世紀前半からなされてきました。

そのさきがけと呼べるのが、エリック・サティの「家具の音楽」です。この室内楽は鑑賞用ではなく、文字どおり家具のように日常空間の一部をなす風景として書かれました。といってもBGMではなく、曲というより短いフレーズを何度もくりかえす実験的な音楽でした。

このように、音が作曲家の表現意志による統制を受けず、非表現的な音空間を構成する作品は、「環境音楽」とも呼ばれます。

二〇世紀半ばにジョン・ケージが始めた「偶然性の音楽」もそのひとつです。ケージの音楽のひとつの特徴は、楽器の音とそうでない音を同じ音空間に置いたことです。たとえばオーケストラ形式の曲に、演奏者の咳払いのような日常の所作を示す音を入れたりしたのもケージでした。

また六〇年代には、音楽・美術・建築など多くのジャンルに共有された流れとして、ミニマリズムが現れました。表現的な要素や装飾を最小限（ミニマル）にとどめ、シンプルなフォルムで作品を構成するのがミニマリズムです。たとえば音楽の場合、ミニマリズムはひとつのフレーズの反復がその特徴となります。テリー・ライリーやスティーブ・ライヒらがその代表ですが、同様に展開が少なく、反復の多いブライアン・イーノのアンビエント・ミュージックには、音による空間デザインの要素も表れています。

余談ですが、私が初めてアンビエント・ミュージックを聴いたのは学生時代で、場所は大学の同級生が住んでいたアパートでした。その頃はまだアナログレコードの時代で、友人はイーノのアルバムに針を落としながら、

「これを聴くと、散らかった俺の部屋がきれいに見えてくるんだよ」

と冗談めかしていいました。ところが聴いてみるとまったくそのとおりで、アンビエント・ミュージックが立ち上がると、部屋全体が薄暮のイメージに統一されるような感じがしたものです。

実際の風景を音でリアルにデザインする試みもあります。これはサウンドスケープと呼ばれています。六〇年代にカナダの作曲家マリー・シェーファーによって提唱され、ランドスケープ（風景）の「ランド」を「サウンド」に言い換えてサウンドスケープ（音風景）という造語になりました。いまでは映画音楽などにも、このサウンドスケープの発想とスタイルで制作されたものが見られます。

こうして環境音楽の成り立ちをおおまかに見てくると、それはエコカルチャーやエコミュゼの台頭とよく似た経過をたどっていることに気づきます。世の中が人間中心主義（エゴ・セントリシズム）から生態系中心主義（エコ・セントリシズム）へと舵を切る時代に現れたのがこれらの発想であり、もともと風景の一部であった音というものに、音楽の方からふたたび近づいていく動きといってもいいでしょう。その意味で環境音楽は、環境への音楽の復帰であり、環境における音の復権ともいえます。

環境メッセージの芸術性

「人生は一行のボオドレエルにも如くはない」。

芥川龍之介の『或る阿呆の一生』に出てくるこの言葉は、芸術至上主義についてのアフォリズムとして知られます。「人生は美に劣る。人間精神の探求は、美のための美を至上命題とするボードレールの詩の一行にも値しない」といった意味です。

ではここで名指しされているボードレールとは、そんなにも人間精神の現実から遊離した、皮相な美意識しか究められなかった詩人でしょうか。

むしろまったく逆です。彼は現実逃避型で厭世的な美を求めたのではなく、人間の醜悪で不可解な部分にも目を向け、深い精神性の美を追究した詩人でした。芥川がボードレールを引き合いに出したのも、俗説とは裏腹に、そうした真の美のありかをふまえてのことだろうと思います。

話はやや飛躍しますが、環境芸術のとらえ方にも、これに通じる発想の転換がついてまわります。社会的な環境保全活動の視点からしか評価できない作品だけを「環境芸術」と呼ぶなら、それはいかにも狭量で、副次的な価値しかもち得ないでしょう。しかし環境そのものを広義にとらえ、人が生きる空間や生命が関係し合うシステム全体ととらえれば、「環境芸術とは芸術そのものである」と見ることができます。

この章の冒頭の分類にもとづくなら、分類(1)の「環境問題の生々しい現実をとらえ、生態系倫理を訴える作品」の多くは、決してメッセージだけを武骨に押しつけているわけではありません。生態系倫理に反する現実を真っ向からとらえることによって、分類(5)の「環境についての思索や思想を述べた作品」のように、理想とする新しい価値観や美意識を間接的に提示しています。それは環境芸術というものが、特定の立場からの「主義主張」ではなく、生態系という普遍の価値に目を向けているからです。人間だけでなく、生きとし生ける者の活動に目が向いていることから得られる感動でしょう。

おまえは歌うな
おまえは赤まんまの花やとんぼの羽根を歌うな
風のささやきや女の髪の毛の匂いを歌うな
すべてのひよわなもの
すべてのうそうそとしたもの
すべての物憂げなものを撥（はじ）き去れ
すべての風情を擯斥（ひんせき）せよ
もっぱら正直のところを
腹の足しになるところを
胸元を突き上げて来るぎりぎりのところを歌え
たたかれることによって弾ねかえる歌を
恥辱の底から勇気をくみ来る歌を
それらの歌々を
咽喉をふくらまして厳しい韻律に歌い上げよ

それらの歌々を
行く行く人々の胸郭にたたきこめ

（中野重治「歌」）

「感動」という言葉から私が思い出す作品のひとつに、中野重治のこの詩があります（『中野重治詩集』所収）。

いわゆる「花鳥風月」を排し、魂の呻吟や高揚を人々に届けよと迫るこの詩には、生硬ながらも芸術の本質を衝くマニフェストが表明されているといえるでしょう。

本章で見てきたアート作品のなかには、感動についてのこのような解釈がそのままあてはまる、まさに王道を往く作品も少なくありません。

さらに分類(2)の「生態系における命の営みやかかわり合いを観察・描写したもの」、分類(3)の「自然と向き合う人間の感受性や想像力を刺激するもの」、分類(4)の「博物誌的な関心を呼び起こしたり、自然についての情報・知識を伝えるもの」にあてはまる作品も、独自の切り口から環境をとらえ、新たな世界観を提示するという意味で、アート本来のあり方がそのまま踏襲されたジャンルといえます。

作品が人々から忘れられることなく、永続的な価値を保ち続けるには、このような芸術性の議論もまた必要でしょう。この章で見てきたようなさまざまないのちの現実を風化させないためにも、環境芸術が真の芸術として評価されることはきわめて大切だと思います。

第5章
「調和の砦」が人をつくる

——ライフキャリア形成のヒント

▶ *This chapter's keywords*

ライフキャリア　生物群集　コミュニケーション
最適化　成熟社会

最終章では
エコカルチャー的な生き方の知のなかに
個人のキャリア形成や社会生活のヒントを探ります

危機から生まれる変革

ぶしつけですが、日本の年間自殺者数は何人ぐらいかご存知でしょうか。

一九九七年以来、ずっと三万人を超えていました。それが二〇一二年に、一五年ぶりで三万人を下回りました。この年は自殺動機のうち、「経済・生活問題」が前年比で二〇パーセント以上減少しています。内閣府は生活苦による自殺者が減った理由を「経済環境が底打ちしたこと」と見ています。

それでもまだ日本は、世界でもワーストクラスに入ってしまう「自殺大国」です。

経済力が回復すれば、生活苦による自殺者はまたすこし減るかも知れません。しかし世の中を覆っている閉塞感や不充足感は、やはり変わらないでしょう。「経済成長と生産向上を社会の目的とするかぎり、この国の自殺者は増え続ける」と説く人もいます。成長をめざして生産性が向上すればするほど、競争はさらに激化し、過重労働で病気や失業に追い込まれるケースも増えるからです。

環境とは、一人ひとりのいのちを取り巻く現実ともいえます。自殺者の多さはとりもなおさず、生態系の負の側面です。

日本の社会はいま、二つの神話の崩壊に直面しているといえるでしょう。

ひとつは成長神話の崩壊。もちろんこれはいまに始まったことではなく、マクロで見れば『成長の限界』（第１章参照）の時代までさかのぼります。ところが政治や産業は、いまでも大きな経済危機に見舞われるたび、新たな経済成長でそれをカバーしようとしています。量的拡大から質的充実へ向かおうとする変革の兆しは見られません。

もうひとつは安全神話の崩壊。東日本大震災とそれにともなう福島第一原発事故により、私たちは「安全・安心」に対する信頼がいかに脆弱な基盤にもとづいていたかを思い知らされました。また、これまでは差し迫った問題として意識されなかった自然災害、環境・エネルギー問題、国際紛争などへの危機意識も、これとの相乗効果のように高まってきています。さらに、都市でも地方でも凶悪犯罪、いじめ問題、体罰問題、パワハラなどが続発し、心身の健康が脅かされるリスクもますます増えています。そのことの弊害なのか、人とまじわらない生活を送る若者（彼らの生き方を指す「無痛文化」という言葉もあるそうです）や、孤独死したまま誰にもかえりみられない高齢者が増えました。また小中学校で、周囲から「いじられキャラ」として人気が高いと思われていた子が、じつは「いじめられキャラ」として陰湿なイジメに遭っていたといった事実もあります。これは人間関係が役割演技化し、真のコミュニケーションにもとづいていないことの表れなのかも知れません。

こうした負の側面にも目を向けつつ、社会の構造や個人の暮らし方・生き方を見直すことが必要とされるようになりました。真の豊かさと安全・安心を享受し、人間が人間らしく生きるための変革です。

これからは個人にも、成熟社会や共生社会へ向けたサスティナブルな生き方が求められる時代となるでしょう。社会が変革を迫られているのに、一人ひとりが何も変わらないままではいられないはずです。成長優先の時代に失われた価値観を取り戻すことや、災害から引き出された教訓を生活に根づかせる工夫が問われるようになると思います。

以下ではそうした社会的イノベーションに結びつく持続可能な生き方のヒントを考えることにします。

社会環境によって変わる人、社会環境を変えていく人

成長神話と安全神話が崩壊し、終身雇用制も揺らいで、世界のなかでも日本はとくに大きな過渡の瀬に立たされています。「確実なものは何ひとつない」という事実を行動の起点に据えることが、かつてないほど切実に求められるようになりました。

ところがいまだに「寄らば大樹の蔭」のような職業・労働観をひきずっていたり、あたかも資源が無尽蔵にあるかのような発想で消費をとらえたりしている人が多いのも事実です。そういう人は、第1章で取り上げたような全体観的な物の見方が身についていないのかも知れません。あるいは「一人ひとりの行動の機軸なんて、全体を変える動きにはつながらない」と感じている人でしょう。

社会環境の変化に応じて、小さな習慣を変えることのできない人がいます。一方で、環境の変化をきっかけにみずからを変え、逆に周囲の環境さえも変えていける人がいます。この違いは何からくるのでしょう。これはまさに環境と人間の相互作用にもとづく環境文化行動のテーマです。

たとえば一昨年から二年間、私が大学で担当していた環境文化論のゼミ学生のなかには、その後自転車でアメリカ大陸横断とオーストラリア大陸縦断を果たした鈴木庸平君や、アメリカのアニマルコ

ミュニケーション研究所へ渡り、動物の意識を言語化する通訳的コミュニケーションを学んだ小澤尚子さんがいました。

彼らは単に個性的な留学を果たしたというだけではありません。その選択にいたるまでには、貨幣経済のしくみを根本から疑ってみたり、国内基準よりも世界基準に照らして自分の職業観を再構築してみたり、ツイッターで一〇〇〇人を超すフォロワーに先人の教訓を発信したり、人間社会にいまひとつ欠けている行動や習慣は何かと考えたりなど、ありとあらゆる試みに取り組んでいました。留学資金づくりのアルバイトもしながら忙しい日々を送るなかで、さまざまな専門家を訪ね歩いて話を聞き、新しい価値観にもとづく活動を実践するＮＰＯに参加したりもしました。帰国後の彼らは学内に同志も増え、それぞれの貴重な体験を共有する場を生みだしていました。

私がゼミで彼らにひとつだけ説いていたのは、「一人でもやる」という姿勢の大切さです。日本人は何か新しいことを始めるとき、人を集めることからスタートしがちです。何をするかは集まってから知恵を出し合えばいいと考える。また企業や団体などでは、問題やアイディアを発掘するためにブレインストーミングを重ねている場合もあります。

しかし、集団にはもちろんそれなりの強みもありますが、それを動かす原動力がつねにしっかりしていなければ、ただの人海戦術に終わってしまいます。一方、個人というのは全体における一点にすぎませんが、何かに深く根を下ろしたときには、その一点を起点として、広範囲に何かを普及させる力をもち得ます。ほかの「点」とネットワーク的につながり、全体への波及効果を及ぼすこともあります。これはネットワーク社会の出現とも歩調を合わせて生じた、大きな変化でしょう。ひと昔まえに組織がやっていたようなことが、いまでは個人でもできてしまいます。また、だからこそ組織は個人を凌駕できるエキスパティーズをもたなければ生き残れません。

もちろん、いかにネットワーク社会とはいえ、ソーシャルネットワークのようなバーチャルなつながりだけでは真の変革力には結びつかないでしょう。最終的に物をいうのは対面型のコミュニケーション、つまりフェイストゥーフェイスによるリアルなつながりです。それもつながる人の数ではなく、いかに密度の濃いつながりを生み、維持していけるかがポイントとなってくるはずです。「ひとりでもやるという人間が何人か集まれば世の中は変えられる」ということを実証した人々の例は、歴史をひもとくまでもなく、身近なところにもたくさんあるはずです。

「心が変われば行動が変わる。行動が変われば習慣が変わる。習慣が変われば人格が変わる。人格が変われば運命が変わる」。

これは哲学者ウィリアム・ジェイムズの言葉として知られています。人間と環境の関係をこれにならっていえば、次のようになるでしょう。

「眼差しが変われば思考が変わる。思考が変われば言葉が変わる。言葉が変われば行動が変わる。行動が変われば環境が変わる」。

先ほどご紹介した鈴木君にはとくにこの変化があてはまりました。じつは彼はアメリカ自転車横断に出発するまえ、かつてないほど深刻な失恋の痛手に苛まれていたことをあとで告白しています。自分の直面した状況に押しつぶされそうになりながら、彼は自分を変えるために旅立ちました。

そもそも自転車で旅に出たことなどなかったという彼は、二〇一二年七月にニューヨークから大陸横断をスタートしています。初めての異郷で、日本とはまったく異なる治安に怯えたり、竜巻や悪天候と苦闘するなか、およそ二カ月かけてモニュメントバレー、グランドキャニオンやラスベガスを経由し、ついに五六〇〇キロ地点のロサンゼルスまで走破しました。

「かつて知らないほどの人の温かさ、地平線や砂漠の大自然、地球の広さを垣間見た」。

「人はときに大きな挫折をするけれど、人生は挑戦によって変えることができる」。

彼は日記に、そんな若者らしい言葉を綴っています。

その後、オーストラリア大陸自転車縦断でさらに意識の拡大を経験すると、彼は学生ながら個人でビジネスに乗り出すほどの行動力を発揮し、身の回りから環境を変えることに成功しました。

鈴木君の例は、「個人を取り巻く集団⇓集団を取り巻く社会⇓社会を取り巻く生態系」と意識の領域をすこしずつ拡大する過程で、そのシステマティックなしくみや変化を実体験し、今度はその到達点からグローバルな価値観や行動を逆発信している例だと思います。とくに青春期は軌道修正がしやすく、思考の変化が直接の行動に現れやすい時期です。みずから選んだ具体的な行動を通じ、環境とのイ

グランドキャニオンに立つ鈴木庸平君

ンタラクティブなかかわりを実践するうえで、青年期はとてもいいタイミングといえます。

クロストーク文化を超えて

「個体と環境、または個体どうしの相互作用からなるシステム」
生態系のこの定義がパラレルにあてはまるものとして
人間どうしのコミュニケーション環境があります

最も身近な社会環境のひとつに、人間どうしの対話があります。世の中は対話で成り立っているといってもいいでしょう。しかしその基本である「相手の話を聞く」という習慣が、近年だんだんと薄れていく傾向も見られます。人の意見を単純にパターン化してとらえ、わかったような気になったり、相手の言葉をさえぎって発話権をにぎろうとしてしまうことが、本人も気づかない癖になっている場合もあります。とくに高齢者世代ではそれが目につきます。社会的な地位が向上すると、自分の発言を通さなければならない機会が増えるせいかも知れません。

本来は、上に立つ者ほどどんな話でも聞きこなし、適切にさばかなければなりません。また話し上手になりたいと思う人ほど、聞き上手である必要もあります。他人から効率よく情報を汲み取れなければ、質の高い情報を発信することもできないからです。

かつて日本人は、他人の話をきちんと聞けるというのがひとつの美徳でした。しかし欧米社会と向き合うなかで、自分たちには説得力や発言力が極端に欠けていると感じるようになりました。その力を伸ばそうとするあまり、受容力の方が低下してきたという一面があります。相手の発言よりも自分の発言を優先させたがる人が増えたのは、その結果ともいえます。かつて流行した「ノーといえる日本」のようなスローガンをあまりに生真面目にとらえすぎたせいもあるでしょう。

欧米文化を表層だけ真似て、自己主張ばかり先鋭化させるのが国際的なやり方だと考える。これは外国語コンプレックスから生じた、日本人の大きな勘違いです。文化的なルーツは日本と異なるものの、西洋でも人の話に耳を傾けることは、もちろん美徳とされているのです。

一例をあげれば、ちょうど四〇〇年前のフランスに生まれたロシュフコーというモラリスト文学者がいます。ロシュフコーは『箴言集』という著書で、対話について次のように説いています。

「話す時は、自然でわかりやすく、話相手の気質と傾向に合わせて適宜に真面目なことを言い、自分の言うことに賛同を迫ることなく、強いて返事を求めることさえも慎むべきである。こんなふうに、礼節上守るべき条件を満たした上ならば、聞いている人々に支持されたいという気持を表しながら、こだわりもなく、また意地を張らずに、自分の意見を述べてよい。（中略）

権威ありげに喋ったり、事柄よりも大げさな言葉や表現を用いることは断じてしてはならない。自説が理にかなっていれば固持してよいが、ただし固持しながらも決して他人の意見を咎めたり、彼らの言ったことに気を悪くする様子を見せてはならない。つねに会話の主導権を握ろうとしたり、同じことをあまり度々話すのは危険である。出される楽しい話題のすべてに選り好みせずに入ってゆき、自分の言いたいことの方へ会話を引っ張ってゆこうとするそぶりは決して見せてはならない」（二宮フサ訳）。

話相手にふさわしい内容と話法を心がけるべきで、あいづちさえも強要してはならない、とロシュフコーはいうのです。フランスでは国語の教科書にこうした文章が載っています。つまり、こうした厳格なコミュニケーション姿勢をいまでも学校で学ぶのです。

もちろん実際のコミュニケーションにも、こうした知恵は活きています。

「Alors, je vous écoute?（さあ、伺いましょうか？）」

これは面談や打ち合わせを始めるときの、いわば挨拶のような一言です。「私はあなたの事情や立場をわかったうえで、質問や意見交換をする用意がある」という意思表示です。さらに「どんな話にも対応できる」という余裕の表明でもあります。これができないと、逆にどこかぎすぎすして、包容力や適応力を疑われても仕方がありません。

話を元に戻せば、こういう基本を忘れがちになっているのが、むしろ現代の日本人です。複数の人が同時に喋ってしまい、わけのわからない会話になることを、ラジオ局のスタジオなどでは「クロストーク」というそうです。いまの日本はこれと同じく、めいめいが勝手に情報を発信しようとするクロストーク文化の国になりつつあります。それは日常会話にも、ツイッターのようなソーシャルネットワークにも見受けられます。こうした環境に慣れすぎてしまうと、情報の質というものはどこかで棚上げにされ、単に発言力の大きいことが良いという流れにいきかねません。

いうまでもなく、対話というのは情報のやりとりで成り立っています。言葉のキャッチボールがうまくいっていないと、情報の流れはそこでストップします。「物いわぬは腹ふくるるわざなり」とはよくいったもので、誰にも聞いてもらえない言葉を発信する人や、つまらない話を黙って聞かされる人は、ともにフラストレーションを抱え込む。それが嵩じれば、人間関係までぎくしゃくしてきます。そしてこのような傾向は、環境意識ともかかわっています。「分別せずにゴミを捨てれば自然環境はどうなるか」「カロリー消費を考えずに飲食物を摂取すれば体内環境はどうなるか」といった意識は、そもそもつね日頃からのシステマティックな思考から生まれてくるといっていいでしょう。だとすると、双方向の言葉のやりとりに無頓着な人は、環境にも無頓着となる恐れがあります。身近な情報の流れにさえ気を配れない人が、物質の流れにまでイマジネーションを働かせることなどあり得ないからです。

多くの人が身近なところで、クロストーク的な発想を改善することが、みずからの環境を良くしていくための第一歩なのかも知れません。

ではどうすれば、このクロストーク文化から脱却できるのでしょう。

いま「みずからの環境」といったように、社会の環境をできるだけ自分の環境に引き寄せて考えることは、ひとつのよい方法だと思います。一人ひとりがエコシステムの一部であることを意識して行動すれば、自然環境の荒廃を遅らせることができるのと同じように、個人の態度や発言がグローバルにつながっていることを意識すれば、社会環境に負のインパクトを与えることも少ないでしょう。またインターネットもエコシステムと非常によく似たしくみをもっていますから、活用しだいではそうした効果（個と全体の関係が良好に保たれた社会環境づくり）に結びつくはずです。

こうしたシステマティックな認識の方法としては、「自己と他者のあいだに壁を設けすぎない」ということや、「他者への偏見をなくす」といったことも含まれてくるでしょう。

そこでしばしば問題になるのが、個と全体のとらえ方です。

個人が全体に呑み込まれず、全体が個人を切り捨てることのない情報環境。これがあってこそ、社会はシステムとして持続可能です。次に述べる二つのエピソードに沿って、そのことを考えてみます。

「人類の敵」発言

気候変動に関する国連大学シンポジウムでのことです。

温室効果ガスによる地球温暖化説を唱え続けてきたイギリスの気候科学の第一人者、ジェームズ・ハンセン博士がこのとき来日しており、講演をおこないました。ほかにも何人かの講演があり、それが終わると講演者全員で、パネルディスカッションに移りました。ハンセン博士はこのディスカッションで、CO_2の増加による地球温暖化を否定する言論が増えている現状にふれ、多くの人が気候変動に異論を唱え始めていることに懸念を表しました。その後、深刻な面持ちでこういいました。

「地球温暖化を否定する人々は、もはや人類の敵です」。

限られた時間内での一瞬の発言でした。ですから何気なく聞き逃してしまえば、それで済むようにも思えました。しかしやはり語調が強すぎると感じた人がいたようです。このときパネリストたちは、CO_2地球温暖化説に対して肯定的な人ばかりでしたが、そのひとりが博士のこの発言について、次のように指摘したのです。

「ハンセン博士、人類の敵という言い方はよくありません。そういう表現を使うと、気候変動が数ある政治問題のひとつになってしまう」。

口調そのものはやんわりとしていましたが、要は「人類の敵」という言葉が、かえって温暖化議論を主観的で曖昧なものにしてしまい、イデオロギーで塗り固められた議論にしてしまうという主旨でした。ほかのパネリストたちも、この指摘にはおおむね賛成のようでした。またハンセン博士も、みずからの発言が行き過ぎていたことを認めました。

CO_2地球温暖化説への賛否はさておき、この例では明らかに、自分に異を唱える人々を言葉の力でねじ伏せようとする態度が、はじめのハンセン博士には見られました。つまり一部の少数派が次第に多数派となり、博士から見た「衆愚」へと化していくことへの警戒心が、「人類の敵」という強硬な言葉を生み、反対者の動きを牽制しようとすることにつながったのでしょう。

この例はどんなことを意味するでしょうか。「全体」を味方につけて個人や少数派を糾弾するような論法は、いわゆる「吊し上げ」や「見せしめ」であり、露骨な阻害の仕方であるため、現代では支持されなくなっているということです。

文明の選択を左右するような知性をもった科学者でさえ、「人類の敵」という言葉を一度でも用いれば、軽率のそしりを受けてしまいます。そもそも「人類の敵」という言葉には、日本でいえば江戸時代の「村八分」のような響きもついてまわります。

このときは議論のテーマもたまたま環境問題だったわけですが、コミュニケーションというものをさまざまなシチュエーションで考えてみた場合、生態系の時代にそぐわなくなった論理形式というものが、世の中にはいくらでもあります。

次はそんな事例を考えてみましょう。

「衆愚」という思い込み

これは日常的な場面で見られる「個」と「全体」の対立の構図です。一見したところ、個人どうしの小さなもめごとにすぎませんが、背景に「全体」がかかわっています。

ある日、私はわりと空いているJR山手線の車両で、こんな光景に出会いました。

優先席に高齢の男性と若い女性が隣り合わせています。女性がバッグから化粧用のコンパクトを取り出し、フタを開けました。最近よく見られる光景ですが、周囲をはばからずにメイクを始めたのです。すると男性がいいました。

「私は心臓にペースメーカーが入ってるから、ケータイはやめてくれないかな」

え？　男性はどうやら、女性の開いたコンパクトを携帯電話と見まちがえたようです。

それを聞いた女性は、ちょっと冷淡な口調でいい返しました。

「これ、ケータイじゃありません」

そのいいかたが勘にさわった男性と、化粧を続ける女性のあいだで言い合いが始まりました。

「だけどバッグのなかにはケータイもってるんじゃないの？　だったらついでに電源切ってくれてもいいだろう」

「私、ケータイは持ってません！」

もともと勘違いをしてしまったのは男性のほうですから、この一言で何もいえなくなってしまいました。それでも腹に据えかねたのでしょう。女性が車両を降りるとき、その男性はまわりじゅうに聞こえる声でいいました。

「化粧だってマナー違反だろう。だいたい化粧って言葉は〝ばける〟って書くんだよ。人前でバケてどうすんだ、あの迷惑女！」

皮肉をまじえながらも、まるで絵に描いたような憤りの言葉。目のまえで見ていた私も、まったく口を挿めない展開になってしまいました。

さて、この出来事では、お互いがお互いに対して先入観をもっていたと思います。まず高齢の男性は、最近の若い女性に対する思い込み。「彼女たちは未熟で、優先席でも平気で携帯電話を使う」というたぐいのそれです。そして女性の側には、高齢者に対する思い込み。「年寄りはワケのわからないことで若者を叱る。すぐに〝最近の若い者は〟とくる」というものです。

両者とも相手の属している集合に、こうしていわゆる「衆愚」を見ていたのでしょう。ふたりとも「傍若無人な若者」や「小うるさい年寄り」という集合でくくられる人々を相手の背景にとらえ込み、よけいな怒りを募らせてしまったことになります。お互いに、実際の相手よりもかなり大きな「仮想の衆愚」と闘っていますから、簡単に誤解を解いたり、態度を改めたりすることもできません。それどころか、過去に電車で足を踏まれたことや、ヘッドホンステレオの音に悩まされたりしたときの、やり場のない怒りまでよみがえらせていたかも知れません。いきおい高圧的となり、こういう残念な結果になったのでしょう。

確かに衆愚というものは、いつでも、どこでも存在します。しかし一人ひとりの人間の本質を見れば、そうした集合とはまったく無縁な個人の場合も多いはずです。にもかかわらず個人の本質を見ようとせず、いわゆる「人を枠にはめてとらえる」という癖が抜けきらないことにより、あちこちで対立が生じています。

言論というものは、つねに両極端の面を潜在させています。ある言論を少数派の側から見たときに「衆愚」を生み、多数派の側から見たときに「村八分」を生じることもあります。しかし「仮想の衆愚」まで生み出してしまうほど他人を枠にはめてとらえるのは、個人主義が極度に先鋭化したところで生まれた現代社会の悪弊でしょう。

もともと日本人は、「みんな」という言葉にとても弱い国民です。何をするにも、「みんながこういっている」「みんながしていることだから」と、集団に対して必要以上にへりくだって生きています。これは裏を返せば、もともと個と全体が対立関係にあることを強く意識していることのあらわれでしょう。すると今度は、むしろことあるごとに「自分だけは集団主義から脱皮している」と思いたがる傾向が生まれてきます。他人を「衆愚」の代表としてとらえてしまいやすい思考習慣は、このあたりからきています。

いかに日本の社会で個人主義化が進んだといっても、それはまだこの程度なのだと私は考えています。組織や学校といった集団には、個人主義どころか、ムラ社会の集団主義とそれに対する反動が、いまでも根強くはびこっています。「みんな」という暗黙のシステムにへりくだることなく生きていきたい個人と、それをさせない全体とのギャップ。ときにそれがいじめやパワハラといった歪んだ行為の元凶にさえなっています。どれほど問題視されても、こうした行為はいまだ根絶できていません。まずこのような行為をなくさないことには、自然環境や社会環境の整備などおぼつかないでしょう。環境問題を考えることは、人間の生き方やモラルを根本から問い直すきっかけでもあるのです。

敵意の循環を止める

自然界をめぐる物質同様
人間の情動も社会環境を循環しています
マイナスの情動をプラスに変えるイノベーションがそこでは問われます

社会という名の生物群集は、ことほどさように物事を見誤りやすいものです。ときにはそれが思いもよらない文化摩擦を生じたり、地域紛争につながったりすることもあります。汚染物質と同じように、誤った物の見方は人から人へめぐり、人間の生きる環境に負のインパクトを与えてしまいます。個人のいさかいであれ、国と国との衝突であれ、世の中に生じる対立のなかには、このような考え違いと、そこから生じる敵意の連鎖にもとづいているものがあります。「心の環境汚染」ともいえるこうした問題も、そろそろ地球規模でとらえなければなりません。

たとえば、暴力や圧政に対する報復行為としての戦争やテロ。一定期間、同じ場所を砲弾が飛び交っていても、敵味方に分かれて争い合うのはいつも異なる個人だという点は見すごされています。国家体制ぐるみの戦闘状態に巻き込まれると、人から人へ、世代から世代へと敵意を蔓延させることも防げなくなります。

二〇一三年一月、アルジェリアで凄惨な事件が起こりました。イスラム武装勢力がイナメナスの天然ガス施設を攻撃し、日本人一〇人を含む人質を殺害した事件です。これはマリ共和国北部でフランスがイスラム過激派に対して行った武力介入への報復と見られています。

ちょうどこの時期、東京の岩波ホールでアルベール・カミュ原作の映画『最初の人間』が公開されていました。フランスからアルジェリアへの移民の子として生まれ、その後フランスに渡って作家としての地位を確立した主人公ジャック・コルムリは、原作者カミュ自身の投影です。ジャックの母親はアルジェリアを離れようとせず、戦争の脅威にさらされています。ジャックは暴力を否定し、アルジェリアにフランスとの対等な関係にもとづく共存共栄を説きますが、故国の人々の大きな支持は得られません。そこでフランスへの帰国後、ジャックはラジオ放送でアルジェリアの同胞たちにこう呼びかけることになります。

「祖国ではお互いが真夜中に殺し合い、混乱する闇のなかを手探りで進んでいる。いつか犠牲者と殺人者だけの国となり、無実なのは死者だけとなる。私はいつも公平なアルジェリアを望んできた。平等に同じ権利を受けられる国を。アルジェリアには国民にふさわしい民主的な法が不可欠である。分裂ではなく団結せよ。だがテロには反対する。通りで無差別に起こる爆発は、いつか愛する者に襲いかかるかも知れない。私は正義を信じる。アラブ人に告ぐ。私は君たちを守ろう。母を敵としない限りは。もし母を傷つけたなら、私は君たちの敵だ」。

すでに半世紀以上も過ぎたこのような歴史が、先に述べたアルジェリア人質事件のようなかたちで、いまも現実に影を落としています。発端が何であれ、ひとたび生まれた暴力が、直接にかかわりのない多数の犠牲者を巻き込んで、敵対する者どうしのあいだを執拗にめぐり続けています。世界の紛争地域を見ると、これと同様に根深い憎悪の循環が、今日も新たな暴力に結びつき、人々の暮らしを圧迫しています。国際協力の分野に九〇年代から「人間の安全保障」という新しい概念が生まれてきたのは、他国の内政に干渉することはできなくても、暴力は食い止めなければならないという理由からです。

カミュが述べたように、報復は報復しか生み出すことができません。アメリカに対する9・11テロ、またそれに対してアメリカがおこなったイラク戦争やアフガニスタン紛争など、この世界で起こっていることは、四〇〇〇年前のハンムラビ法典に書かれた「目には目を」、すなわち復讐法の原則を一歩も出ていないのです。

戦争やテロは、大量殺戮兵器によって人命を奪うだけでなく、環境破壊の最大原因でもあります。たとえば、これまでに日本で森林が最も消失したのは、両大戦とそれにともなう物資の欠乏がきわまった時期でした。また、世界で天然資源の消費は、生態系によって回復できる容量をおよそ三三パーセント上回っていますが、そのうちの一三パーセントは軍事生産の需要にもとづくものであるという統計もあります。

「相互の風習と生活を知らないことは、人類の歴史を通じて諸人民のあいだに疑惑と不信を起こした共通の原因であり、この疑惑と不信のために、諸人民の不一致があまりにもしばしば戦争となった」。

これは一九四五年一一月、ロンドンで採択されたユネスコ憲章の前文です。

ここで戦争は、民族のあいだの心の障壁によるものと述べられています。そしてこのことへの反省に立ち、ユネスコ憲章前文は、あの有名な書き出しに始まります。

「戦争は人の心のなかで生まれるものであるから、人の心のなかに平和の砦を築かなければならない」。

人が人の生存権を奪うことへの抑止力として、これにまさる認識はないと思います。

具体的には、文化・学術・教育などをなかだちとして、人間の相互理解を深め、精神的な絆を強めることです。

そう考えた場合、戦争より広域に影響を及ぼしやすい環境問題についても、私たちは同様のセーフティーネットを必要とすることに気づきます。つまり、汚染や資源濫用で社会的資本や他人の生存を脅かさないため、生態系の倫理をもつこと。またそれに対する地球規模の想像力を共有することです。

このような視点から、今度はユニセフの事例を引用します。近年の水危機の現状を訴えるポスターのコピーです。このポスター写真には、頭部に水鉄砲を突き立て、

ユニセフのポスター「安全でない水は，戦争以上に子どもの命を奪っている」

（© UNICEF Sweden/Jung V. MATT/Photo: Henrik Halvarsson）

こちらをじっと見つめているアフリカの少女が写っています。そこに添えられているのは、次のようなコピーです。

「安全でない水は、戦争以上に子どもの命を奪っている」

（Bad water kills more children than war）

きれいな飲み水が手に入らずに感染症や脱水症状で死んでいく人々が、途上国ではあとを絶ちません。国連のミレニアム開発目標のひとつ「安全な飲み水が入手できない人の割合を二〇一五年までに半減する」は二〇一〇年末に早期達成されましたが、いまもサハラ以南のアフリカで約四〇パーセント、世界平均でも一一パーセントの人々が、安全な飲み水を得られずにいます。

戦争や構造的貧困を背景とする水不足について訴えるこのポスターは、離れた地域の窮状をみずからの問題としてとらえる想像力をまさに喚起しているといっていいでしょう。

ユネスコ憲章の前文に謳われたように、諸民族間の「平和の砦」を築くことが戦争回避の手段であるとするなら、現在世代と将来世代とのあいだに「調和の砦」を築くことが、地球資源を枯渇させない方法といえるでしょう。

人は被害者意識に立ちやすい

暴力を受けた直接の相手ではなく、べつの対象に的を変えて加えられる制裁もあります。

私たちに身近なところでは、しばしば学校での体罰がそれにあたります。体罰をおこなう人のなかには、「自分も体罰を受けて育った」という人がいます。それが理由で体罰を肯定しているわけではないでしょうが、体罰にも一定の教育効果があると考えているのなら、やはりそれは問題でしょう。

さらに大きな問題は、自分の受けた体罰に納得がいっていないにもかかわらず、自分も体罰を与える側に加わってしまっているケースです。体罰を抑制できない教師のなかには、殴っているうちに怒りがエスカレートし、一〇発、二〇発と度を越した制裁を子どもに加える人がいます。度を越した怒りは、その時点で悪意のある危害に変わってしまいます。こうした制裁を受けた人が、やがて自分も同じような制裁によって、知らず知らずにある種の「意趣晴らし」をはかっていたら、世の中はどうなるでしょう。抑制のきかない負の感情が、世代から世代へと受け継がれることになります。体罰で最も危惧されるのはこの点です。

結局これも、「やられたことはやり返す」という復讐法の原則を棄てきれていないのです。直接の争いには見えなくても、暴力への復讐心が相手を変えた暴力を生んでいることになります。いじめやパワハラにも多かれ少なかれ、これと共通する部分があります。

そしてこのような問題もまた、すべての人が被害者であり、同時に加害者となる危険性をはらんでいます。いじめやパワハラで罪もない人が犠牲になるのは、結局は戦争や紛争とおなじく、全体のシステムに個人が巻き込まれることにほかなりません。すでに見たように、個人的な思い込みや偏見が怒りの連鎖を生じ、社会をめぐりめぐっているときには、集団どうしによる敵対の枠組みができあがることもあります。

このようななかで、人が加害者としての自覚をもつことはまれです。むしろ自分でも気づかぬうちに、被害者意識に立っているのがつねでしょう。体罰をおこなう教師でさえ、加害者意識はないことが多いのです。まして対等の立場のあいだでおこなわれるいじめにいたっては、そのほとんどが身勝手な被害者意識から生まれているといっても過言ではありません。

たとえば、古くからあるいじめの理由のひとつに、「あの人はみんなと違うから」というのがあります。毛色の違った者が集団のなかで仲間外れにされる、というおきまりの構図です。この場合、仲間外れにされている側は間違いなく被害者意識をもっていますが、仲間外れにしている側には加害者意識などまったくありません。むしろ加害者もまた、被害者意識をもっています。彼らにとって、「ウザい」「キモイ」「ダサい」としか思えない存在が同じ集団に入ってくることは、迷惑以外の何物でもないからです。そのような理由にもとづく排斥は、はじめはごく軽い中傷のようなかたちで始まります。しかしそのことに被害者が少しでも嫌悪感や反発を見せれば、加害者たちの身勝手な「被害者意識」は増幅され、いじめを正当化するための思い込みができあがってしまいます。「嫌われる理由は、あいつが自分から作りだしている」という集団合意が形成されるのです。たとえそれが、仲間外れにされている人の本当の欠点であり、努力して直せるようなものであれ、直すことなどできない先天的なものであれです。

このように、敵意というのはもとをただせば、歪んだかたちで正当化された被害者意識から生まれています。この根本のところまでたどり直さないかぎり、原因の究明など不可能でしょう。しかし多数の人々の立場や思惑が絡む集団においては、一人ひとりが誤りを認めることがきわめて難しいのも事実です。いじめ問題が決着のつかないまま、うやむやになりやすい理由もここにあります。

心の汚染を減らすのは個人の行動力です。「目には目を」や「倍返し」のような発想ではなく、「泣き寝入り」で終わらせることもなく、敵意や悪意を環境システムのなかで解消できる方向へと、つねに意識や知性を働かせることです。

物理的な環境には「汚染者負担の原則」（公害などの環境破壊は、汚染者にその負担義務があるという法的原則）がありますが、心の環境にはそれがありません。だからこそ、この問題はさまざまな解決策のベストミックスで取り組む必要があるでしょう。ここではさしあたり自然生態系と同じく、心の生態系にも地球規模の影響力をもつ「環境汚染要因」があるということを何よりも強調しておきたいと思います。一人ひとりの考えることや感じることが、社会全体にも目に見えないかたちで作用しているということを問題提起したいのです。そうした要因をできるだけ個人が安全に処理していくことは、ささいなことのようですが、心の面から見た地球貢献につながります。

個と集団のハイブリッド

ここでもう一度
社会の組織や集団に目を転じてみます
以下の三つの節で述べるのは、ビジネスにも役立つヒントです

次ページの図は、個人主義と集団主義をどのようにバランスさせれば最適な効果が生み出せるかを示しています。

ここでは、組織における一人ひとりのメンバーを個人主義・集団主義のいずれかに大別できるものとします。もちろんいずれの場合も、その度合いはさまざまです。

個人主義の傾向が非常に強いとき、プラスの場合は独創的なイノベーションを生むエキスパートとなり、組織はもちろん社会にも貢献する人材に育ちますが、マイナスの場合は独善的で身勝手な行動を生み、組織にも貢献せず、もっと極端な場合は反社会的な行動にさえ走る危険があります。

一方、集団主義について見ると、プラスの場合は人との協調で大きなプロジェクトを動かせる人材が育ちますが、マイナスの場合は単なる悪平等を好み、出る杭に対してはいじめやパワハラで疎外するなど、悪い意味でムラ社会の傾向を強めます。

さて、この場合に最適なのは、できる限り社会貢献度の高い領域で個人主義と集団主義をバランスさせることです。しかも中心軸に近いところで中途半端に折衷するのではなく、なるべく中心軸からかけ離れたところにいる両者、つまり極端な個人主義者と、極端な集団主義者をコラボレートさせるのです。

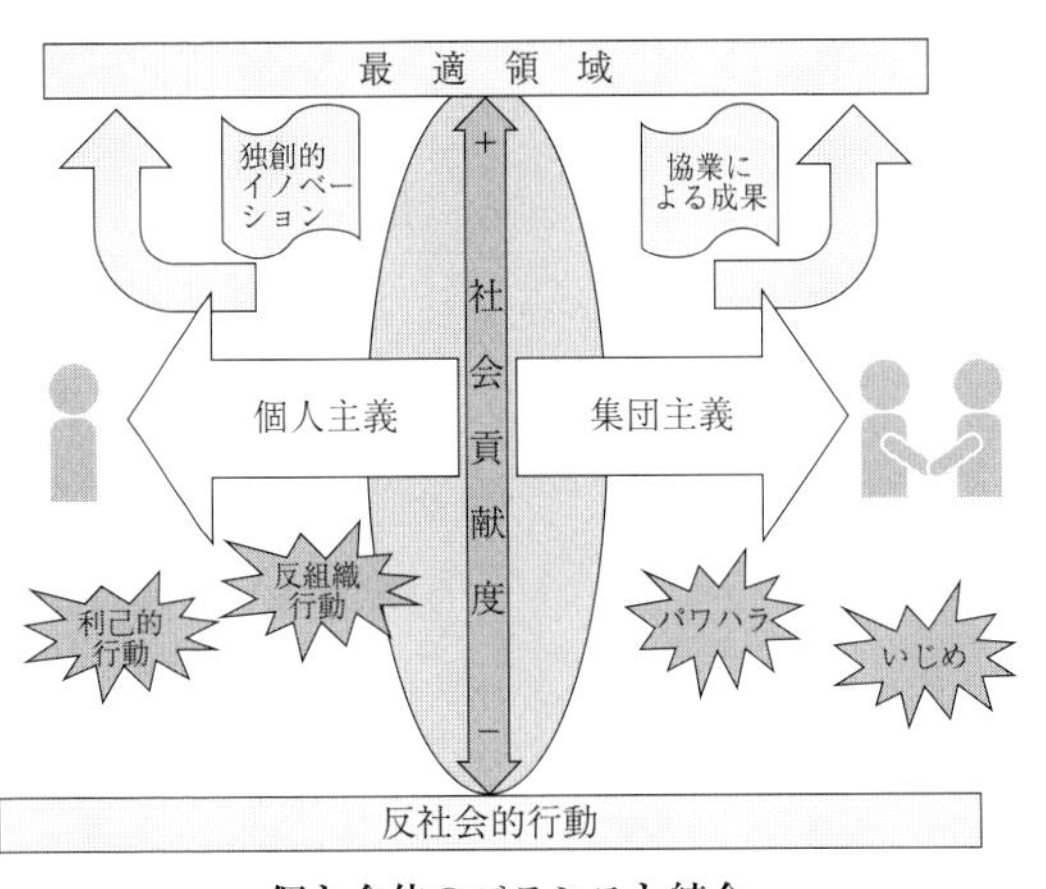

個と全体のバランスと統合

「ふだん、両極端の人材というのは仲が悪いのがふつうです。ところが一度でも協調点を見いだすと、同じ傾向の人材を組ませるよりもはるかに大きな合力を発揮する」。

これはある洗剤メーカーの元会長がいっていたことです。たとえていえば、真っ向から向き合った二つのベクトルを下から持ち上げ、真上へ向けて両者の合力を生み出すようなものです。

このようにして、個人主義と集団主義のハイブリッドが生まれ、個と全体の最適領域における調和が生まれます。

しかし言葉でいうのは簡単ですが、このように相反するものの調和を成し遂げるには、周囲の理解や手助けもかなり必要になります。ある人は配置転換の要求に従わなければならないでしょう。ある人はまったく不慣れな仕事に、まだ人間関係も確立できていない上司のもとで従わざるを得なくなります。それが一定限度を超えた場合、全体のために個人の利益を大幅に損ねることもあり得ます。

また理論上も、社会的な権利と義務の概念や、公共性についての定義など、倫理的な問題がついてまわります。経済倫理や環境倫理を説いた書物のなかで、よくカントやヘーゲルの社会思想が引き合いに出されるのも、「人は公共の責任とどのように折り合いをつけながら個人の自由を獲得できるか」という根本的な倫理基盤を共有するためにほかなりません。たとえば欧米の環境教育では、こうした考察を社会システムの学習と併せておこない、「そのことをもとに、地球全体の人口問題に目を向けて見ると……」といった方向へ生徒を導いていきます。

第1章で、法の下の平等や生存権をどこまで拡大解釈すればいいのかという問題提起をしました。ここでは逆に、「生態系における制約は、どこまで社会集団に適用可能か」を問題にしたいと思います。個人主義を集団主義と調和させるといっても、個人の自由を放棄して集団の方へ歩み寄る妥協のケースもあります。社会を取り巻く自然界では、集団における個人のリーダーシップを強めるというかたちで、特定の個人の自由の領域だけを拡大する場合もあります。ただしそれによって生じる不平等、たとえば生態系ピラミッドが「弱肉強食」にもとづいていることなどは、高次消費者の肉食動物が微生物に分解されてふたたび植物の栄養になるというように、物質循環のどこかで解消されています。

現代において、最も確かな倫理基盤があるとすれば、それは「環境収容量（環境が吸収できる負荷）の限界を超えてはならない」という事実です。この制約だけは、どれほどの権力者や富裕者も免れることができません。逆にその制約を守っている限りにおいて、どれほどの弱者も貧者も一定の生態系サービスを受益でき、ネットワークにおける生命活動を保つことができます。

組織や社会集団においても、このような生態系を模倣し、「どこかに〝しわよせ〟があると、誰も〝しあわせ〟になれない」という考え方をもっと合理的に取り入れ、さまざまな問題解消につなげる必要があります。ここに述べた「個と集団のハイブリッド」も、そうした前提に立ってこそ意味をもつものとなるでしょう。

キャリア形成にもエコシステムの視点を

環境決定論の考え方によると、人間の活動は環境によってつくられます。

これは一九世紀のドイツで生まれた理論です。当時は環境といえば、人間が居住の場とする地理環境を意味しました。しかし現在のように、都市と地方のあいだで人口の移動が激しく、また国境を越えた移住も自由意志でできるようになってくると、人間の活動が居住環境によって決定される要因は少なくなったといえます。

決定論と同じく一九世紀に、ドイツの隣国フランスで生まれたのが環境可能論です。これは、環境が人間の活動を決定するのではなく、「環境は人間活動を可能とする場を提供している」とする立場です。

決定論か、可能論か。いずれをあてはめるにせよ、現代の私たちの暮らしが何らかのかたちで環境との相互作用をもっていることは否めません。そしてここでいう「人間活動」とは、主にどんな中身を指しているのでしょうか。人間活動の大半は、やはり成人してからの暮らしのほとんどを決定することとなる生業（なりわい）、すなわち職業によって占められています。物理環境や社会環境など、さまざまな環境要因に影響されて、私たちはひとつの仕事に従事します。次にまとめてあるのは、そうした環境がもつキャリアの決定要因です。

(1) 物理環境
気候条件・地理条件・地球規模の制約要因

(2) 社会環境・家庭環境
適性の形成
基礎教育・一般教養・専門研究・職業教育
リーダーシップの発現

(3) 内面的環境
「生きる主体としての自己」の確立
能力の発達
職業意識・職業観の変遷

ここでいう「環境」には内面的環境、つまり自己形成に影響を与える家庭や学校も含まれています。こうしたいくつもの環境要因が重なって、人は自分の生き方を決定し、職業を選択しているといえます。

ということは、逆にこうした要因がキャリア形成に与える影響をうまく活用すれば、社会貢献度の高い人材を育成できる可能性があります。「孟母三遷」という教えもあるように、環境が人格形成に与える影響は古くから重視されてきました。ただしこれからは、それが個人の繁栄や家族の幸福のためだけでなく、環境問題をはじめとするグローバルイシューの改善につながる人格やキャリアの形成に役立てられるべき時代です。

たとえば国公立の教育機関は、国の税金によって教育費を補償し、国づくりの一端を担える人材育成をめざしてきましたが、これからはそれを国境という枠から脱し、地球市民社会のスケールでキャリア形成をおこなうことも求められるでしょう。人類にとっての存立基盤である生態系との共存に向けて、キャリア形成にも環境の視点を大いに盛り込むことが持続可能な未来社会への必要条件となってきます。

最適化の穴を埋めるテーラーメイドの発想

社会全体をエコシステムとしてとらえ、何らかの法則性を引き出すといった研究は、一九六〇年代からすでに見られました。組織における人間関係を生物群集の関係に見立てたり、社会や文明を生態系の遷移（サクセション）になぞらえて変化を予測したりする試みです。こうした社会進化論的な取

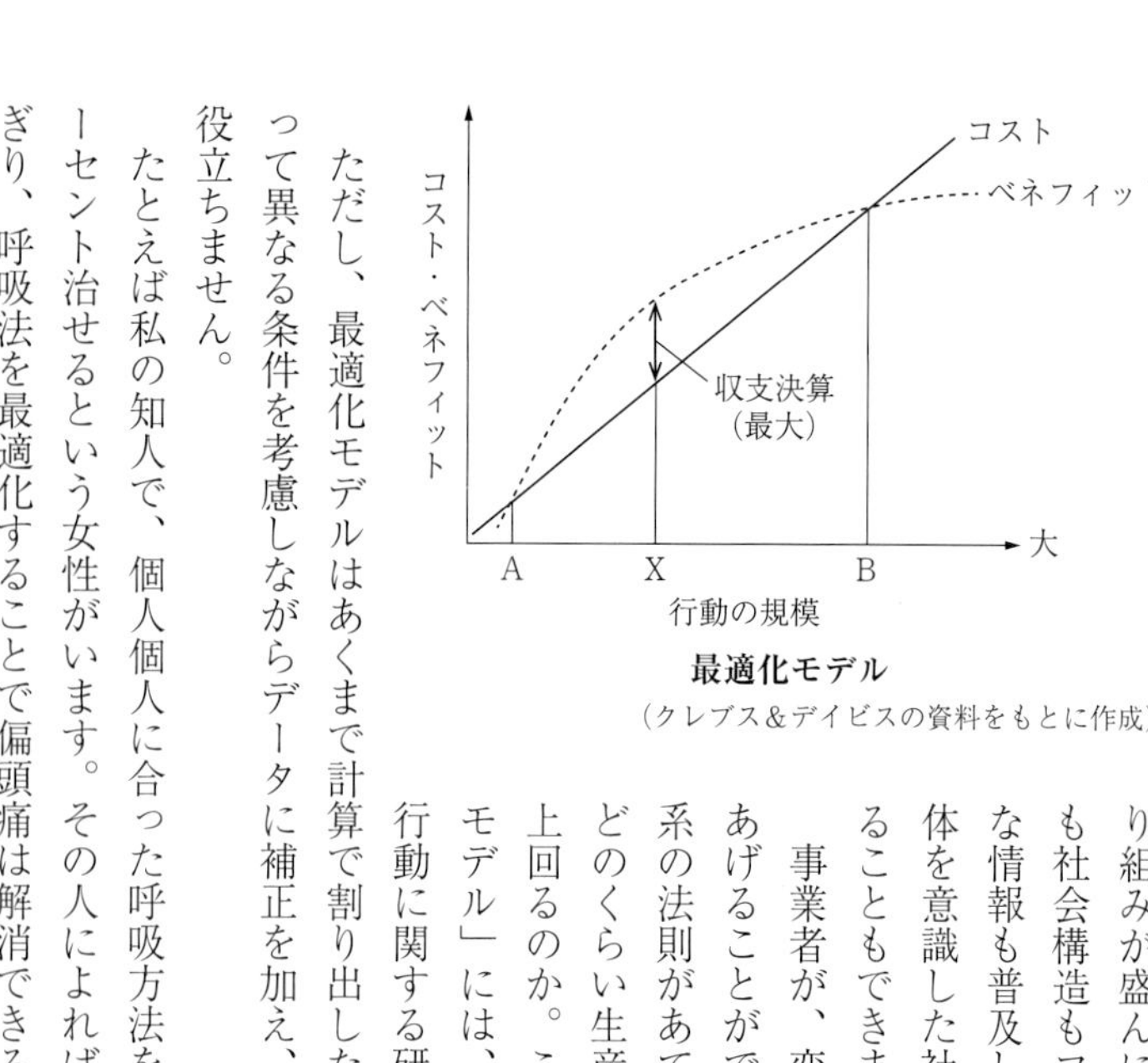

最適化モデル

（クレブス＆デイビスの資料をもとに作成）

り組みが盛んにおこなわれた時代と比べると、いまは産業構造も社会構造もフラット化し、またエコシステムに関する基礎的な情報も普及してきました。それにともない、エコシステム全体を意識した社会行動が現れ、またその結果をモニタリングすることもできます。

事業者が、変化する経済状況にどう対応すれば最善の業績をあげることができるかという最適行動の決定にも、やはり生態系の法則があてはまります。企業がある製品を生産する場合、どのくらい生産したときにベネフィットがコストを最も大きく上回るのか。こうしたことを知るために生み出された「最適化モデル」には、そもそも生態系における適者生存のための最適行動に関する研究成果をはじめとする研究が生かされています。

ただし、最適化モデルはあくまで計算で割り出した回答にすぎません。実際には個々のケースによって異なる条件を考慮しながらデータに補正を加え、いわばテーラーメイドの情報処理をしなければ役立ちません。

たとえば私の知人で、個人個人に合った呼吸方法をアドバイスすることにより、偏頭痛を一〇〇パーセント治せるという女性がいます。その人によれば、脳や神経などの病気に関連したものでないかぎり、呼吸法を最適化することで偏頭痛は解消できるそうです。おそらくどのような姿勢で、どのくらい深く息を吸い、何秒くらいかけて吐きだすかといったやり方に、人それぞれの目安があるのでしょう。最適な呼吸法を生活のなかで習慣化すれば、偏頭痛は完全に予防できるとその人はいいます。本にして出版してみないかというお誘いも何度か受けたそうですが、その人は丁重にお断りしたそうです。理由は、最適な呼吸というのは個人の体質によって異なり、間違ったやり方をすればべつの症状を発症することになりかねないからです。体質についての細かな情報を聞き、しっかりした信頼関係も築いたうえでアドバイスを実行できる人だけにおこなう方法なので、汎用化して普及させるのはムリとのことでした。

この話を聞いたとき、私はテーラーメイドの情報がいかに大切かをあらためて痛感しました。テーラーメイドとは和製英語の「オーダーメイド」（注文によって作られた製品）とほぼ同じ意味で、製業ではよく使われるキーワードですが、近年はがん治療などの医療用語としても耳にします。

本来、テーラーメイドは既製品や量産品を補うために生み出された概念ではなく、衣食住にわたる生活文化を古くから支えてきた主流の概念でした。ただ現在のように、むしろ低コストの量産品が主流を占めている時代には、汎用型情報の補足効果といった、テーラーメイドのもうひとつの役割も無視できなくなってきました。本来は汎用型情報とテーラーメイド情報がほどよいバランスを取ってこそ、本当の意味で利便性の高い生活が保障されます。

またインターネットの普及にともない、現在は個人によって発信され、個人または特定の集団に受信されるパーソナルな情報（メールやSNSの情報など）が、大衆に向けて発信される情報と拮抗するほどのボリュームや価値をもつようになりました。そうしたパーソナル情報の急激な増え方から見て、パーソナル情報の究極のかたちといえるテーラーメイド情報が復権しつつあるのは自然な流れといえます。

今後は最適化モデルの欠落をテーラーメイドの情報によって補うという発想が、社会にも個人にも不可欠となるでしょう。

アメニティから生きる喜びへ

成熟社会の画一的なモデルを提示するのではなく
ここでは物理的にも精神的にも成熟した
ある島国の暮らしについてお話しします

地中海のマルタ共和国は、風光明媚な景観と豊かな文化遺産に恵まれた島国です。多くのヨーロッパ人が避暑に訪れるリゾート地としても知られ、造船と観光のほか、切手、銀細工、ガラス工芸などの伝統産業が見られます。

一九八九年に東西冷戦を終結させた米ソ会談のロケーションとして、ここのどかで美しい国が選ばれた理由が、とてもよくわかります。どこへ行っても、何を見ても尽きることのない魅力をもつマルタは、アメニティ（快適環境）においては世界のトップレベルにランクしているからです。

人口一人あたりのＧＤＰではＥＵ最低水準のこの国が、なぜ昔からこれほど高い生活満足度を維持してきたのでしょうか。

マルタはかつての英国領です。植民地時代から、人々は他国と争わず、島国の小さなコミュニティに安住していました。独立してからのマルタも、小さくまとまった地域文化の充足感が人々の生活を支配しています。そのかわり、地中海文明の交差点とも呼ばれるほど多様な人種や言語を融合させているため、目は世界に向かって大きく開かれています。まさに第1章で述べたような「欲は小さく、視野は大きく」という習慣が、人々のあいだに浸透しているのです。

私がこの島で地中海文明と英語を学んだのは、すでに社会に出て働き始めてからでした。自主的な語学研修という名目で会社を説得し、二カ月近い休暇を取ってこの島へ足を運んだのです。首都のバレッタ国際空港に降り立ったとたん、仕事に埋没していたそれまでの日々とのあまりのギャップに、一種のカルチャーショックを覚えました。ここでは時間がとてもゆるやかに流れているのに、人々は世界の情報にもきちんと目を向けています。

ちょうどその頃、日本の幼児連続誘拐殺人や、オウム真理教による地下鉄サリン事件が海外でも報じられていました。海外でそれらのニュースのことを初めて私に尋ねてきたのもマルタ人でした。そのとき彼らは、「信じられない。日本人は病んでる人が多いの？」と、遠く離れた島国日本の現状を本気で心配していました。ヨーロッパでも当時、たとえば「太陽神殿」というカルト教団の集団自殺のような異常事件は起こっていましたが、日本は人口規模に比べてその頻度が高すぎると見られていました。

この「日本人は病んでるの？」という一言に、私はそれまで見えていなかった現実をつきつけられる思いがしました。「経済大国ではあっても、働きすぎで精神的に貧しい国」という、現代の日本に

マルタの市街地

（写真：Bruna Polimeni）

諸外国から貼られやすいレッテル。しかも日本の国情をよく知らない外国人たちの偏見として、日頃聞き流していた批判です。それがそのまま現実に思えてきたのです。

実際、そういう問いかけを衷心から発してくるほどのマルタ人だけあって、あまり恵まれていない境遇の人たちのあいだにも、生活や気持ちの安定感が感じられました。複雑な事態におかれても我を失わず、慎みをもって対処できるのは、本当に精神的ゆとりのなせる業なのだろうと思えたほどです。

アイルランド系マルタ人の英語教師アイリーンがこう教えてくれました。

「ここには生きる喜びと余暇がある。経済的には進んでいないけれど、生活を美しくするすべは誰でも知っているし、もともと恵まれた気候や文化があるから、あれこれ望んで抱え込んだり、背伸びしたりすることもしない。だからここに暮らす人たちが、幸せになれないはずがない」。

世界広しといえども、ここまで非の打ちどころのない三段論法で「私たちは幸せだ」と言い切れるマルタ人を、つくづく羨ましいと思いました。私がこの島を発つ日、アイリーンは一九世紀イギリスの詩人ワーズワースが書いた“Leisure”という題名の詩を色紙に書いてくれました。「われわれには真の人生の愉しみを謳歌する時間がない」という大意のその詩は、いまでも私に真の豊かさとは何かを教えてくれます。

次にフランス北部の村、ラ・ロシュ＝ギヨンの例を紹介します。ここにも固有の時間が流れています。中世以来、この村では岩をダイナミックにくり抜き、古城や聖堂や民家が築かれてきました。岩肌に家々の四角い出窓やバルコニーが並び、まるで岩壁そのものが高層アパルトマンのようになった「集合住宅」もあります。岩が石灰質でできていて、くり抜きやすいということもあったのでしょう。もちろん廊下は洞窟。日光の射さない部屋が多く、とても暮らしにくそうですが、住人たちはまたとない居住環境を楽しんでいるようにも見えます。人口六〇〇人にも満たない人々が静かに暮らすこの小さな山村は、「フランスの最も美しい村」というリストに、イル＝ド＝フランスで唯一登録されています。

さて、こうした快適環境とは対照的に、発展途上国における貧困や汚染のひろがる地域も取材で訪れたことがあります。いわゆるスラムや、スモーキーマウンテンなどです。

衛生環境や社会インフラはとても悪く、「スコッター」と呼ばれる住む家のない不法定住者もいます。そこには「生きる喜び」などとうてい感じられないようにも見えました。しかしそういう場所にも、何か一言では言い表せない活気がみなぎっています。たとえばナショナル・デーやバザーの日、スコールが上がってニッパ椰子の屋根の下から子どもたちが駆け出してくる昼下がりなど。ひとたび現地の空気になじんでみると、このような活気に満ちた途上国の街角を、単に「劣悪な環境」という行政用語でくくることなどできないと思えてきます。先進国から途上国への援助においてまだまだ不十分だと感じられるのは、「不幸を緩和するための援助だけでなく、幸福を増幅させる援助も必要なのではないか」という点に尽きます。

本来、アメニティと生きる喜びは一体のものでしょう。物資が足りているのに不幸な人々もいれば、何もなくてもそれなりに生き生きと暮らせる人々もいることを、世界のさまざまな地域は教えてくれます。

アメニティという言葉はなかなか実体がつかみにくく、何となく響きの良さだけで使われている場合も少なくないようです。ただ、もしも人間が自分の暮らしていく土地を自由に選べるとしたら、最も重視するのは生活インフラ、その次がこのアメニティではないでしょうか。

二〇一三年度の「世界幸福度ランキング」(国連『持続可能な環境ソリューション・ネットワーク』の支援を受けてコロンビア大学地球環境研究所が発表したデータ)によれば、世界で最も幸福度の高い国はデンマーク、次いでノルウェー、スイス、オランダ、スウェーデンの順となっています。このレポートで指摘されているポイントのひとつに、「幸福度の高い国は自転車先進国」というおもしろい共通点があります。確かに、自転車を快適に乗りこなせる環境があるということは、自然環境が清浄で、治安が良く、大都市だけでなく地域の社会システムが充実し、暮らしの満足度が高いことを連想させます。

べつの統計によると、先進国の八歳から一八歳までの若年層は、外へ出て行くかわりに家で電子機器と向き合っているそうです。さらに子どもたちがビデオゲームで遊んでいる時間は、自転車に乗っている時間の六倍を超えるといいます。生活の楽しみを知らない子どもたちが、危険な遊びに走ったり、一日の大半をネットに費やしたりというケースもよく知られています。

このような社会環境をもう一度考え直し、生きる喜びという視点からアメニティを充実させることが、これからは町づくりにも、教育にも不可欠な取り組みとなってくるでしょう。

感応力を極限まで生かす

ここでサスティナブルな生き方を最期までまっとうした人の話をします。元毎日新聞ローマ支局特派員の石川貴章さんという環境ジャーナリストです。

石川貴章さんは一九五五年の東京生まれ。東京理科大学を卒業後、毎日新聞社に入社しました。石川さんと知り合ったのは、私が国際協力の専門雑誌で記者をしていた頃でした。職場こそ違いましたが、彼は私に何かと目をかけてくれる、面倒見のいい先輩でした。

「日本環境ジャーナリストの会」という団体の海外視察で、石川さんを含む何人かの記者たちとともに北京へ向かったのは、一九九三年の秋です。北京で開かれた中日友好環境シンポジウムや、北京郊外の工場などを視察しました。当時の中国では、公式の場でもあまり英語は通じませんでした。そこで石川さんは、高校時代の漢文を真似たような我流の筆談を駆使して、公私を問わず、いたるところで中国人に質問をぶつけていました。初めは硬い表情だった相手が、彼の人間力に押しきられ、いつのまにかニッコリと相好を崩している。そういうこともしばしばでした。まわりの空気に鋭敏に反応し、同時に自分のもつ空気にやんわりと感応させてしまう力が石川さんにはあるなあと、私はこのときから感じていました。

石川さんはその後も社会部記者として、世界の環境・開発問題について取材を重ねたあと、九八年には特派員としてローマ支局に派遣されました。彼はその頃、アメリカのTNC（The Nature Conservancy）による自然保護活動をくまなく取材し、一冊の本にまとめました。それが『アメリカ環境保護区二万マイルを行く』という著書です。

その本の終わりの方で、石川さんは地球環境を見守ることに記者としての後半生を賭けるまでのいきさつをこう記しています。

「さて、私は何をしたかったのか。改めて振り返れば、新聞記者になって以来いつかは日本を飛び出したい、とその時を待ち続けていたように思う。理由は単純だった。ニュースを追うことをなりわいとしている以上、情報へのアクセスに制限があってはならない、と考えてきたからだ。日本はむろん世界の一部で、日本で得る情報も世界を飛び交う情報の一部でしかない。ならばいつか世界を見渡すポジションに立ちたい、と思っていた。（中略）世界はますます狭くなる。情報は錯綜し、さまざまな価値観があちこちでぶつかり合っている。新聞記者としての折り返し人生を考えた時、全体像をつかまずにいると部分も見えなくなってしまうのではないか、という思いの方が次第に強くなっていった。

一九九二年初め、社会部記者として環境問題を担当することになった。その年の六月、世界一八〇か国の首脳と二万人に及ぶＮＧＯがブラジル・リオデジャネイロに集まり、環境問題について初めて話し合う「地球サミット」が控えていた。それまで警視庁、警察庁詰め記者として事件を追いかけてきた記者生活の一八〇度の転換だった。
地球サミットの取材を通じ、時に絶妙な駆け引きを交えて交渉を進める各国代表や、国境を越えて政府間交渉に働きかけるＮＧＯの姿に、私はただただ驚いていた。
"Think globally, act locally"（地球規模で考え、地域で行動する）
地球サミットの取材で、最初に覚えた言葉だ。新聞記者の仕事は、生ニュースを伝えると同時に地域に暮らす人々に役立つ情報を提供することだと肝に銘じてきた。ならば、地球規模の取材も、この覚えたてのフレーズに合致している、と思った。リオデジャネイロで、日本を飛び出したいという私の思いは、信念に変わっていた」（『アメリカ環境保護区二万マイルを行く』旬報社より）。

すこし長く引用しましたが、記者という仕事に対する石川さんならではのこだわりが、ここに集約されています。おそらく彼は、その仕事がまだ緒に就いたばかりと感じていたでしょう。
そんな石川さんを直腸がんという病が襲ったのは、二〇〇〇年の秋でした。急遽イタリアから帰国し、東京・築地の国立がんセンターに入院した石川さんを私が見舞ったとき、彼は衰弱した身をいたわりながらも、鋭いまなざしを虚空に向け、何ごとか考え込んでいました。病院から外出許可を得て銀座の風月堂までいっしょに歩きながら、短い時間にこんなにも深く多くのことを喋ったのは初めてではないかと思えるほど、私たちは熱心に言葉をかわしました。人間の心は時空を超えて「黒字」

（宇宙の果て）とつながっている。病気が治ったら、自分は残りの人生をかけて、いままでよりも一歩踏み込んで生の意味を問う仕事がしてみたい。石川さんは一語一語、嚙みしめるようにそう言いました。

しかしすでに自分のがんが末期にあることも、彼は悟っていたのでしょう。

「ぜひやってください。目の前の仕事に流されず、誰もが日頃から考えなきゃいけないことだから」と私が励ますと、石川さんは病で黒ずんだ顔を皺くちゃにし、いつもの笑顔に戻って答えました。

「ありがとう。おまえにそう言われると、何でもできそうな気がしてくるよな！」

二〇〇一年二月、石川さんはご家族に見守られながら息を引き取りました。

以来、鎌倉・建長寺の丘のうえから世界を眺め渡しています。ジャーナリズムに身を捧げた人にふさわしく、戒名には「報」の一字が込められました。

「全体像をつかまずにいると、部分も見えなくなってしまうのではないか」。

石川さんが著書に遺したこの言葉は、私たちが時間・空間・人間という三つの「あいだ」に生き、その意味を問い続ける存在であることを、いまも示唆しています。

環境はそのすべての「あいだ」を含んでいます。時空間や人間に対し、感応のキャパシティをぎりぎりまで拡大し、可能な限り多くの生命との共存をはかることが、私たち人間にとって至高の知ではないか思います。

環境新時代に向けて

制約のなかにこそ実在する自由
環境文化に見いだせる最大の可能性は
その真の自由の領域で未来を創造することです

この章では、危機感を前提に話を進めてきました。しかし最後は、生態系と調和する時代への希望をもってしめくくる流れになってきました。

すでに見てきたように、生態系には心と心の相互作用も含まれます。ここにも生物どうしが共存するシステムを見ることができます。

どのような政治も宗教も超えて、「生命とそれを取り巻く環境を脅威にさらすことなく生きる」というのが、すべての地域と時代にあてはまる原理原則です。生き方の知は生態系が手本を示してくれています。本書全体を通して見てきた思想、伝統習慣、ライフスタイル、アート作品といったエコカルチャーの具体例は、この原理原則を生態系に代わって教えてくれています。

第1章で「エコカルチュラルな感性」という言葉を使ったとき、私は括弧つきで「としか当面は呼びようのないもの」と追補しました。そして本書をしめくくろうとしているいまも、まだカギ括弧がついたまま「エコカルチャー」と呼びたい気がしています。この言葉の曖昧な響きを曖昧なままにとどめておいたほうが、その広汎で複雑なありようが伝わりやすいと感じるからです。カチッとした定義をともなう現代用語として普及させようとか、まして社会的ムーブメントとして発信しようなどとは考えていません。私自身も含め、人類一人ひとりが生態系を意識した生き方を自分なりに実践していけばいい、と思っているだけです。

成長にも消費にも一定の制約のある時代を生きる。それはどこかで、制約それ自体を楽しむ自由な気風やゆとりをもって生きようということでもあります。逆説めきますが、そうでなければエコライフは長続きせず、サスティナブルでなくなってしまいます。昔よりも制約の多い状況にありながら、はるかに豊かで充実した毎日を送ろうとするクリエイティブな時間のなかにこそ、自由な生きがいも見いだせるはずです。

現代は「成長の限界」を超え、いまは量的拡大よりも質的充実をはかるべき「成熟社会」の時代に入ったといわれます。言葉でいうのはたやすいですが、社会が成熟するとはどういうことをいうのでしょう。これもやはり、かつて人間の生み出したあらゆるシステムを自然の物質循環に沿うようアレンジし、新しいタイプの価値や充足を創造する段階といえます。

これからは、そうした新しい生き方の知、創造の知が、ますます問われることになるでしょう。人工のシステムが大きくなりすぎて生態系を「はみ出す」ことも多かった量的拡大の時代から、地球本来のシステムに立ち返って生態系との調和をめざす質的充実の時代へと、現代人は環境文化の舵を切る役割を担っています。

より良い環境を築くために物の見方や行動を変え、ライフスタイルを持続可能なものにしようとする探求やチャレンジ。環境文化と現代人の出会いによって育まれた新たな発展段階への明るい希望も、きっとそんななかから見えてくると思います。

私たちの環境新時代は、いま始まったばかりです。

あとがき

おだやかに晴れた八月の土曜日。私は京都の北野天満宮から南に流れる紙屋川の岸辺を歩いていました。

例年をうわまわる異常な暑さもピークを越し、心地よいそよ風が嵐山の方へ吹いています。紙屋川の水面には、むらさき色に熟しかけたイチジクの実が垂れ下がり、浅瀬には大粒の花梨もころがっていました。

平安時代、このあたりには「紙屋院」という役所が置かれ、「御料紙」と呼ばれる朝廷ご用達の紙が、この川の水で漉かれていたとのことです。

以来、紙屋川はいくたびかの埋立てを経て立地を変え、周囲のたたずまいも当時といまとではまったく違っているでしょう。それでも陽光や水のせせらぎ、木の葉のざわめきといった風情は昔のままのはず。――そんなことを感じながら川沿いに四キロほど下った頃、橋に書かれた川の名はすでに天神川に変わっていました。この先、川の水は桂川、淀川へと合流し、大阪湾へと注ぎます。

ここでまた上流まで引き返してみました。すると急に空模様が変わり、激しい夕立が降ってきました。紙屋川はみるみる増水し、たちまち水かさが一メートルぐらいに達します。それもようやくおさまった頃、私はまた考えました。この地に端を発した紙文化・文字文化も、自然や社会の激流に揉まれながら、千年もの歳月を経て受け継がれてきている。これは壮大な歴史絵巻だと――。そのあいだに手書き文字は活字となり、さらにデジタルフォントへと変貌していまに至っています。

紙がいまよりはるかに高価だった太古には、「漉き返し」と呼ばれるリサイクルペーパーが紙の主流だったそうです。それは現在の和紙に見られるつややかな白ではなく、いくぶん薄墨色に濁っていました。しかし「漉き返しには文の書き手の心が宿る」と信じられていたことから、再生紙は「還魂紙」と呼ばれ、とても重宝されていたとのことです。

この薄墨色という色に、私は環境文化というものの本質を感じます。環境にあってはどんな物事も、それ自体で清浄であるとか不浄であるということはありません。ほとんどの事象が白黒判別のつきにくい、いわばグレイゾーンに属しています。

たとえば経済発展を黒、自然保護を白と決めつけてしまえばことは単純ですが、それでは人間社会と生態系の持続的な共存は、事実上見込めなくなってしまいます。原発は是か非か、マイカーは切り捨てられない必要悪か、資源循環型社会はどこまで実現可能かといった問いも、まさにこの圧倒的なグレイゾーンと向き合わないかぎり答えは出てきません。

くりかえし漉き返され、ふたたび文字が書きつけられていく還魂紙には、有史以来の自然・社会・個人の生の営みが入り乱れ、跡づけられているといっていいでしょう。私がこの紙屋川を訪ねてみたくなったのも、そんな包括的な物の見方を象徴するような薄墨色に、わが国の、いや世界にも共通の環境文化が、古くから根を下ろしていると感じたからでした。

さて、こうして本書を最後まで読んでくださった皆さんも、すでにさまざまな事象のなかに、環境文化の諸要素が混ざり合っていることを感じられていると思います。そこでこれからは、皆さん自身がエコカルチャーの事例を集め、考察を深めてみてはいかがでしょうか。

初めて訪れた土地や、環境マインドを揺さぶるアート作品以外にも、身近なところに環境文化のサンプルは数かぎりなく見つかると思います。展示館のパンフレット、動画や音声の記録、新聞・雑誌のコピー、ネット情報の保存ファイル、書物のレジュメなど、あらゆる資料をクリアファイルでひとまとめにしておけば、仕事や暮らしに役立つはずです。また巻末の「環境文化年表」をヒントに、ご自身の考えるエコカルチャーの事例を時系列順に並べてみると、思いがけない出来事と相関性をもっていたり、複数の類例が地域を超えて同時期に起こっていたりと、新たな発見があるでしょう。

そうした一人ひとりの思考習慣が、生態系と人間の絆を一層強いものにします。

環境問題を抱えた人類が生き延びられるかどうか、次世代に地球資源を引き継げるかどうかという問いは、いまや経済活動や教育や哲学のあり方まで左右するテーマになってきました。現代人が環境問題とかかわるなかで生みだしてきた新しい価値観は、持続可能な未来に向けた変革を願う一人ひとりの意志と行動によって支えられています。

近代史が社会的な危機感から発して市民の福祉を最終目的としてきたのに対し、現代史はそうした権利の概念を生態系全体にまで敷衍し、究極的にはあらゆるいのちの調和と安定に向けた選択をせよと人類に迫っています。

四六億年の歴史をもち、いまも生命の根源としての深い紺碧をたたえる地球。その歴史から見ればほんのささいな瞬間を生きてきただけの人類ですが、一人ひとりが生態系との均衡ある生き方を探求していくことは、成熟した地球社会を持続させる大きな原動力となるはずです。

本書の発行にあたり、ミネルヴァ書房編集部の河野菜穂氏にひとかたならぬご高配を賜りました。ここに厚くお礼を申し上げます。

二〇一四年十二月

門脇　仁

索　引

あ　行

か　行

さ 行

た　行

な　行

は　行

ま　行

や　行

ら・わ　行

欧　文

主な参考文献

Claude-Marie Vadrot〔2001〕*Lynx*, Actes Sud Junior.

Daniel Durand〔1979〕*La Systhémique*, Press Universitaires de France.

Dieter Heitrich et Manfred Hergt〔1994〕*Atlas de l'écologie* (*pour l'édition française*), La Pochethèque.

Donald Worster〔1977〕*Nature's Economy: A History of Ecological Ideas* (*Studies in Environment and History*), Cambridge University Press.

Edgar Morin〔1981〕*Pour sortir du XXe siècle*, Fernad Nathan.

Emile Crognier〔1994〕*L'écologie humaine*, Press Universitaires de France.

Erik Orsenna〔2008〕*L'avenir de l'eau*, Fayard.

Jacque Vernier〔1992〕*L'Environnement*, Press Universitaires de France.

Jean-Paul Deléage〔1991〕*Une histoire de l'écologie*, Seuil.

Jacky Gunn & Jim Jenkins〔1992〕*Queen: As it began* (*written in corporation with Queen*), International Music Publications.

Patrick Matagne〔2002〕*Comprendre l'écologie et son histore*, Delachaux et Niestlé SA.

Pierre-Henri Gouyon et Hélène Leriche, *Aux Origines de l'Environnement*, Fayard.

Robert Harrison〔2009〕*Forests: The Shadow of Civilization*, University of Chicago Press.

Sylvie Deraime〔1993〕*Economie et Environnement*, Marabout.

Pierre Gascar〔1988〕*Pour le dire avec des fleurs*, Gallimard.

P・J・ボウラー著，小川眞里子他訳〔2002〕『環境科学の歴史』，朝倉書店。

梅棹忠夫／吉良竜夫編〔1976〕『生態学入門』，講談社学術文庫。

大来佐武郎監修〔1987〕『Our Common Future——地球の未来を守るために』，福武書店。

岡島成行〔1990〕『アメリカの環境保護運動』，岩波新書。

加藤周一編〔2007〕『改訂新版　世界大百科事典』，平凡社。

門脇仁〔2004〕「四季を読む寒だめし」（連載『地球環境リテラシー』第1回），

『ネイチャーインタフェイス022』，ネイチャーインタフェイス。

門脇仁〔2005〕「屋久島のカオスと秩序」（連載『地球環境リテラシー』第4回），『ネイチャーインタフェイス025』，ネイチャーインタフェイス。

川崎寿彦〔1987〕『森のイングランド――ロビンフッドからチャタレー夫人まで』，平凡社。

国立環境研究所編〔2014〕『EIC ネット環境用語集』（インターネットサイト）。

三和総合研究所編〔2001〕『日本の水文化』，ミネルヴァ書房。

高樹のぶ子〔2005〕『HOKKAI』，新潮社。

立花隆〔1990〕『エコロジー的思考のすすめ』，中央公論社。

田中淳一〔1980〕『地球とオレンジ――フランス現代詩を読む』，白水社。

地球環境研究会編〔2005〕『地球環境キーワード辞典』，中央法規出版株式会社。

中西準子〔2004〕『環境リスク学』，日本評論社。

西村三郎〔1999〕『文明のなかの博物学――西欧と日本』，紀伊國屋書店。

日本海洋学会編〔1991〕『海と地球環境――海洋学の最前線』，東京大学出版会。

マイケル・アラビー編，今井勝・加藤盛夫訳〔1998〕『エコロジー小辞典』，講談社。

松岡正剛監修〔1992〕『情報の歴史』，NTT 出版。

山内廣隆〔2003〕『環境の倫理学』，丸善。

米本昌平〔1994〕『地球環境問題とは何か』，岩波書店。

用語解説

＊　用語の主な意味については，本文中の初出箇所をご参照ください（→○○ページと記述）。ここでは主に補足事項を記載します。

まえがき

【エコシステム（生態系）】　生物どうし，および生物と非生物的環境がたがいに作用し，安定的な系をかたちづくっている状態をいう。イギリスの生態学者タンスレーが1935年に初めて用いた用語。ecological system の短縮形。（→iii ページ）

【アグリビジネス】　本来は農林水産業や食品産業全般のことをいうが，近年ではIT やバイオテクノロジーを使った高付加価値で地域特化型の農業をさすことが多い。（→ ii ページ）

【エコカルチャー（環境文化）】　生態系と人間の相互作用にかかわりのある文化，および生態系を意識した文化。本書ではエコカルチャーと環境文化をほぼ同義で扱っている。広く一般に用いられる環境文化に対し，エコカルチャーは基底にエコシステムをとらえているため，厳密にはエコシステムの概念が知られるようになった1935年以降に限定されることとなるが，それ以前の文化のなかにも，エコカルチャーの要素をもつものは大小さまざまなかたちで見いだせる。その意味で，生態系への意識が拡大され，深まってきたプロセスを文化の生成過程ととらえ，そこに含まれる思考と行動のすべてをエコカルチャーと総称することができる。べつの定義として，近年，環境に負荷を与えない農業のことをエコカルチャーと呼ぶこともある。また，サブカルチャーにおけるエコカルチャーは，1970年代の第一次オイルショックの頃から徐々に生活文化に反映されてきている。国をあげて公害防止対策が進められていた時期とも重なり，省エネ・省資源型ライフスタイル，たとえば自転車とエコロジーを合せた「バイコロジー」(bike＋ecology)のような動きも見られた。さらに，1960年代のヒッピー文化を生み出したカウンターカルチャーの自然回帰志向に「エコ」と「カルチャー」の結びつきを見いだすこともできるが，これには組織化された人間関係からの逃避という負の側面もあった。なお，1980年代以後の国際社会におけるエコカルチャー的な物の見方の

形成については，第１章参照。（→ⅳページ）

第１章

【クイーン】 1971年に結成されたイギリスのロックバンド。代表的アルバムは1975年にリリースされた『オペラ座の夜』。以後，世界的な評価と人気を集めて精力的に音楽活動を続け，アルバムとシングルの売り上げ枚数は通算３億枚を超えた。一方，1985年におこなわれたアフリカ飢餓救済のためのチャリティコンサート「ライブエイド」では，ロック史上に残るといわれるほどの群を抜いたパフォーマンスを見せる。クイーンのスタイルはナチュラル志向とは対極にあり，壮麗で大時代がかったアルバムコンセプトやステージングを基本路線とする。アルバム『オペラ座の夜』と『華麗なるレース』に喜劇役者マルクス・ブラザーズの映画タイトルが借用されているように，エスプリの効いた洗練性もたえず打ち出してきた。一見したところ環境文化とは異質に感じられるクイーンの活動を本書冒頭であえて取り上げたのは，関連性のなさそうな事柄にもエコシステムの知が凝縮されていることを実証するためである。（→２ページ）

【最適化】 ある要因のもたらす結果が，その要因の性質や量によって変動するとき，最も望ましい結果に向けて要因の動きを調節することを最適化という。たとえば生物が進化の過程で獲得した形質は，その生物が生きてきた現在までの環境に適応するよう，個体数が自然に調整され，最適化されてきた結果と考えられる。また組織などのシステムにおける最適化には，部分最適化と全体最適化がある。部分最適化は，あるシステムを構成する個々の部分（企業の部署や業務など）が最適化することであるのに対し，全体最適化はシステム全体の最適な機能や生産性などをもたらすことを意味する。（→５ページ）

【サスティナビリティ（持続可能性）】 ブルントラント報告書（28ページ参照）で提唱された時点では，「将来世代のニーズを満たす能力を損なうことなく現在世代のニーズを満たす開発」が持続可能な開発として定義された。したがって環境保全だけでなく，経済発展，人口政策，福祉や教育の充実を含む包括的な観点から人間社会の持続可能性を追求する用語といえる。現在では「サスティナブル」が「長続きする」という日常的な表現としても用いられるようになってきているが，この場合も「地球規模で持続できる」という意味を含むことが多い。本書でも文脈によっては一般語として用いている。（→５，27ページ）

【レジームシフト】 自然環境における安定した状態がべつの状態へ移行すること。気候変動や天然資源の減少など，自然現象全般に見られるが，生態系においては生物個体数の急激な変化や，動物相・植物相の構造変化などをいう。(→11ページ)

【情動（エモーション）】 脳科学では，人間が生理的・本能的に抱く欲求や感覚を情動というが，心理学では喜び・悲しみなどのいわゆる感情をさす。(→14ページ)

【イームズ（Charles Eames, 1907-78)】 アメリカのデザイナー，建築家，映像作家。合板，繊維強化プラスチック，ワイヤーなどを使った製品で，工業デザインの分野に影響を与えたほか，芸術雑誌 *Arts & Architecture* の編集や，妻レイとともに撮影したショートフィルムでも知られる。(→18ページ)

【フラー（Richard Buckminster Fuller, 1895-1983)】 アメリカの思想家，デザイナー，建築家。1967年のモントリオール万博に出展された「ジオデシック・ドーム」をはじめ，持続可能性をテーマにした多数の建築・デザイン・アートを残した。彼の思想は「宇宙船地球号」のほか，独特な富の概念でも知られ，人間の生命と生活を豊かに持続・成長させるものとして，貨幣でなくソフト・ハードのテクノロジーに豊かさの根本的な基準を置いた。(→20ページ)

【全体観主義（ホーリスティック・アプローチ，ホーリズム)】 認識論，意味論から医学，生物学，社会科学にいたるまで，広く横断的に適用される立場で，すべての分野に共通する意味は「ひとつの系（システム）は，それを構成する各部分の算術的総和ではなく，有機的・組織的に統合されたもの」とする考え方。「全体は個々の要素に分解すれば理解できる」とする要素還元主義（アトミック・アプローチ，アトミズム）と対立する概念。(→21ページ)

【国連人間環境会議】 1972年６月にストックホルムで開かれた世界初の国連環境会議。開発問題や人口問題も併せて人間環境改善の課題を包括的に討議した。(→23ページ)

【ウォースター（Donald Worster, 1941-)】アメリカの環境史学者，カンザス大学ホール・ディスティングイッシュト・プロフェッサー。代表的な著作 *Nature's*

Economy や *The Wealth of Nature* によって，自然思想と環境主義を統合した新しい歴史観を提起。アメリカ西部の環境史についても研究している。（→23ページ）

【シューマッハー（Ernst Friedrich “Fritz” Schumacher, 1911-77）】 イギリスの思想家，経済学者，統計学者。主に西洋経済の批判と，汎用可能な適正技術，いわゆる中間技術の提唱で知られる。本文既述の『スモール・イズ・ビューティフル』以後も，人間性の復興に照準を合わせた経済再編を説く著作を残した。（→24ページ）

【国連環境開発会議】 1992年６月，地球環境保全と持続可能な開発に向けてブラジルのリオで開かれた国連会議。世界から180カ国以上の代表と，2000を超えるNGO が集まった。会議の成果として，「環境と開発に関するリオデジャネイロ宣言」「アジェンダ21」「森林原則声明」が合意を見たほか，「気候変動枠組条約」「生物多様性条約」が採択された。（→27ページ）

【バイオスフィア（生物圏，地球生命圏）】 地球上で生物が存在し，それらが定常状態にあるシステム。地球全体の生態系を意味し，無機的環境は含まれない。（→９，27ページ）

【国連持続可能な開発会議（リオ＋20）】 国連環境開発会議から20年目の節目を迎え，同会議で合意された事柄について各国首脳が進捗をフォローアップするために開かれた会合。「グリーン経済」「持続可能な開発目標」などの283項目からなる成果文書「我々が望む未来（The Future We Want）」が採択された。（→31ページ）

【サブシステム】 大きなシステムのなかで部分的に機能しているシステム。たとえば，自然生態系における物質循環をメインシステムとした場合，社会の流通機構の内部で物質を循環させるシステム（いわゆる資源循環型システム）がサブシステム。産業革命以降，資源の消費が増加の一途をたどるなか，プラスチックから放射性物質にいたるまで，人間がサブシステムのなかで管理しなければならない物質も急増している。（→41ページ）

【リンネ（Carl von Linné, 1707-78）】 スウェーデンの自然史学者。属名と種小

名の２種類によって生物の学名を表す「二名法」の導入により，植物分類に大きく寄与し「分類学の父」と称された。従来「人為的分類」の要素があるとされ，非難を受けてきたリンネの植物分類は，実際には徹底した自然分類の目的にもとづくものだったこともわかってきている。ただし，そもそも敬虔なクリスチャンであったリンネの研究には，天の配剤にもとづく自然秩序の完璧さを証明しようという神学的思想が影響している。また息子に宛てたといわれる手記『神罰』には，悪行を犯した者に神の裁きが下るという宗教的な世界観も述べられている。（→46ページ）

【ヘッケル（Ernst Heinrich Philipp August Haeckel, 1834–1919）】 ドイツの生物学者。ダーウィンの進化論の普及に貢献した科学者で，動物進化のプロセスを系統樹で表した図はとくにその普及に役立った。ネオロジー（新語づくり）の名手でもあり，エコロジーの語源がギリシアの「オイコス」（家）とロゴス（学問）を合わせた造語だったことはよく知られている。また「直立猿人」を表すピテカントロプス・エレクトゥスのもとになったピテカントロープや，クロロジー（植生の地理的分布の研究），フィロジェニー（進化の過程における生物種の形成・発達様式の研究）といった名称もヘッケルによる造語だった。なお，ヘッケルが「優性の保存によって種が進化する」という考えを人類に適用したことは，のちにナチスのホロコーストへの理論的根拠を与え，さらにはエコロジーもナチスによって政治利用されることとなった。この歴史的トラウマは，第二次世界大戦が終結しても環境保全活動がすぐには世界的な動きにつながらなかったことの一因となっている。（→47ページ）

【関係欲求】 本文で述べたマズローの欲求５段階説をふまえ，アメリカの心理学者アルダファー（Clayton Paul Alderfer, 1940–）は人間の欲求区分を「生存（existence）」「関係（relatedness）」「成長（growth）」の３つに大別した。これは３つの頭文字を取って「ＥＲＧ理論」と呼ばれる。生存欲求には物質的・生理的欲求，関係欲求には人間関係の欲求，成長欲求には自己と自己の環境に対し創造的・生産的であろうとする欲求が，それぞれ含まれる。（→47ページ）

【構造人類学】 フランスの社会人類学者，クロード・レヴィ＝ストロース（Claude Lévi-Strauss, 1908–2009）は，未開社会で受け継がれてきた婚姻体系と言語に，近親相姦を避けるための論理構造が見られることを論文「親族の基本構造」で明らかにした。初の論文集『構造人類学』では，構造分析の手法を親族関

係，社会組織，宗教，神話，芸術に適用し，民族学や社会人類学に画期的な影響をもたらした。（→49ページ）

【土地倫理】 アメリカの生態学者，レオポルド（Aldo Leopold, 1886-1948）が提唱した環境倫理の概念。土地についての倫理的考察を通じて，自然を征服の対象としてでなく，共存の対象ととらえることを提唱したもの。土地を利用するのではなく，自らの属する共同体とみなすことにより，生態系のもつ固有の価値を認識することが人間の努めであるとした。（→58ページ）

第２章

【環境指標】 いくつかの定義がある。まず，大気汚染や水質汚濁などを計器で測定し，環境の現状を物理量によって評価する数値を環境指標データと呼ぶ。数値を加工して等級で示す場合や，本文に挙げたエコロジカル・フットプリントのように，感覚的にわかりやすい物理量へ置き換える場合もある。また国連の人間開発指数や，イギリスの環境保護団体フレンズ・オブ・アースが2006年に策定した地球幸福度指数のように，定性的な環境条件を示すために，数種類の数値や評価を統合して１種類の尺度とする指標もある。なお，この章で述べた環境指標とはべつの用語として，生息条件が限られているため，環境の識別に用いられる生物のことを環境指標生物，または指標生物と呼ぶ。（→63ページ）

【フェアトレード】「公正な貿易（または取引き）」。途上国から先進国に輸出される産品が，途上国の労働者に適正な利潤をもたらすよう，原料や製品を公正な価格で購入する動き。労働コストだけでなく，原料調達地の環境配慮にも応分の代価が支払われることをめざしている。（→65ページ）

【CSR】 企業の社会的責任（Corporate Social Responsibility）。21世紀に入ってから欧米主導で広まった組織経営についての考え方。企業は経済活動による利潤追求だけでなく，社会全体に対しても責任があるという前提に立って適切な企業統治（ガバナンス）と法令遵守（コンプライアンス）を実施し，組織のすべての利害関係者（ステークホルダー）に対する説明責任（アカウンタビリティ）を果たすべきであるというもの。また，企業活動は財務パフォーマンスだけでなく，経済的側面，社会的側面，環境的側面の三つの基準で評価すべきであるという「トリプルボトムライン」も提唱された。このような考え方や取り組みが広まったきっかけとしては，エンロンやワールドコムといった米国企業の不祥事やヨー

ロッパの雇用問題の深刻化があるが，より本質的な背景として，自然災害・貧困・環境破壊といったグローバルな問題がすでに政府レベルの補償や支援だけでは対応できないほど深刻化しており，民間企業の関与が不可欠になってきたという現状がある。またCSRと相補的な要素をもつ新しい概念として，2011年にはハーバード大学のマイケル・E・ポーター教授らにより，CSV（Creating Shared Value：共通価値の創造）が提唱された。ここでは事業活動がよりよい社会づくりのための一環として位置づけられ，企業はそのために社会との協調により，利潤追求と社会問題解決の両立をはかっていくという考え方が述べられている。企業の不正を質して社会への悪影響を抑止するところに初期の重点が置かれていたCSRに対し，CSVは企業と社会の連携による価値創造をめざすものとされる。（→69ページ）

【メインストリーミング】 本文で述べたように，従来はおもに福祉分野で用いられてきた言葉。障碍者と健常者を区別せずに同じ場所で教育するという意味で，両者を統合するというところから「インテグレイション」ともいう。環境問題やジェンダー（開発における女性）に適用される場合は，「社会の主流に位置づける」という意味をもつ。この用語をその意味で使うケースは，今後も多様化していくと考えられる。（→75ページ）

【マーケティング3.0】 コトラー（Philip Kotler），カルタジャヤ（Hermawan Kartajaya），セティアワン（Iwan Setiawan）らによって提唱されたマーケティング理念。1.0を製品中心のマーケティング，2.0を消費者価値主導のマーケティングとしたうえで，3.0は価値主導の段階であるとした。価値主導とは，消費者がもはや企業にコントロールされる存在ではなく，より良い社会へ向けて自由に価値追求をおこなうという意味で，この場合の価値には製品の機能的価値だけでなく，より高い次元での精神的充足感をもたらす価値が含まれており，企業は消費者との協働によってこうした価値をつくり上げていく。（→76ページ）

【スプロール化】 本文で述べた都市スプロール化については，区画整理やローカルプランといった予防対策が講じられているが，その一方，無計画であるがゆえの利点も指摘されている。たとえば計画的に区画された都市と違い，スプロールエリアでは住宅や土地を購入する場合の価格的メリットが得やすく，したがって多様な年代層や所得層によって地域社会が構成しやすい。また，経済の高度成長期に数多く見られたニュータウン計画のような大規模な自然破壊や，時代を経て

購入者がいなくなったときに生じる少子高齢化もない。これらはちょうど，コンパクトシティが利点ばかりでなく，デメリットも数多く指摘されていることと表裏一体の関係にある。(→83ページ)

【カーシェアリング】 マンションや住宅地などで，複数の人が会員制で自動車を共同保有し，必要なときに利用すること。マイカーに依存しすぎるライフスタイルを抑制し，公共交通の利用を増やすことによって，環境負荷を減らす効果があるとされる。(→88ページ)

【ベーシック・ヒューマン・ニーズ（BHN)】 1973年に米国国際開発局がおこなった New Direction 政策に始まる国際協力概念。それまでの国際協力が必ずしも途上国の貧困層の生活向上に貢献していなかったという反省に立ち，食糧や医療といった人間の基本的ニーズに重点を置く協力プロジェクトを打ち出した。ただし政府開発援助の場合，BHN 援助を受け入れる最貧国（LLDC）のなかには，内紛で主権が侵害されている地域も多く，内政不干渉の原則にもとづいて援助の撤退を余儀なくされることもあるため，政府レベルによる二国間・多国間の協力がつねに可能なわけではない。そこで1980年代以降，非政府組織（NGO）による草の根協力へのニーズの高まりと，NGO 活動の増加・多様化を見ることとなった。(→93ページ)

【リプロダクティブ医療】 性と生殖に関する機能と活動を健康に保つための医療。またリプロダクティブ・ヘルス・ライツとは，そうした健康を享受する権利のことで，1994年にカイロで開かれた国連人口開発会議の採択文書にもとづいている。(→95ページ)

【オルタナティブ】 英語の形容詞 alternative は，「二者択一の」「代替の」の 2 つの意味に大別されるが，「オルタナティブな価値観」「オルタナティブ教育」といった例に見られるオルタナティブは後者の意味で，すでに社会で機能しなくなったシステムに代わる新しいシステムへの期待感も含めて用いられることが多い。とくに環境との関連で用いられる場合，オルタナティブは20世紀までの大量消費文明に取って代わる新しい価値観や行動をさす。(→97ページ)

第3章

【水俣病】 1956年に熊本県水俣湾周辺で発生が報告された公害病。チッソ水俣工

場から水俣湾に排出された工業排水の中に含まれていたメチル水銀（アセトアルデヒドの製造工程で使われる無機水銀の触媒から生じる）が魚介類中に蓄積したため，それらの魚介類をよく食べていた人が中毒性の中枢神経系疾患となり，手足の感覚障害，運動機能障害，求心性視野狭窄などを発症した病気。1964年頃から新潟県阿賀野川下流域で確認された同様の水銀病は「第2水俣病」（新潟水俣病）と呼ばれている。不知火海沿岸で最初の水俣病患者が公式確認されたとき，すでに無数の水俣病患者の存在が確認されていたが，厚生省（現厚生労働省）が原因究明のための体制づくりを怠ったことから，原因企業のチッソだけではなく政府の責任も問われ，「水俣病裁判」と呼ばれる長期に及ぶ法廷闘争となった。2004年10月，水俣病についての国の責任を認める判決が最高裁でようやく下った。患者への補償のため1973年に制定された「公害に係る健康被害者の救済に関する特別措置法」は，その後の法改正で「公害健康被害補償法」となっている。水俣湾では1977年から1990年までに，海底に堆積していた高濃度の水銀を含むヘドロの浚渫と埋め立てがおこなわれた。現在の水俣湾は安全性が確認され，農林水産業，観光業，エコタウン事業などによる地域再生が進められている。(→102ページ)

【もやい直し】　水俣病によって失われた地域の人間関係を取り戻すため，水俣市民によって取り組まれた意識改革の動き。水俣病患者除霊式において水俣病に対する市の対応を謝罪し，「もやい直し」の出発の日を宣言した吉井正澄元水俣市長は，船の「もやい綱」（船を港に係留する綱）にたとえたこの動きを「内面社会の再構築」と形容している。(→102ページ)

【岳参り】　屋久島の伝統行事のひとつ。前岳・奥岳の山頂に祀られた「一品宝珠（いっぽんほうじゅ）大権現（だいごんげん）」を詣で，豊漁豊作や家内安全を祈願する。各集落で年に１～２回おこなわれる行事で，屋久島の山岳信仰の現れとされる。また「一品」は「一本」であり，海の神と山の神を同時に顕現した（一本化した）一品宝珠大権現が祀られているところにも，個々の部分を全体のシステムでとらえる屋久島の自然観を垣間見ることができる。(→108ページ)

【泊 如竹（とまりじょちく）（1570-1655)】　江戸時代の朱子学者。屋久島の安房出身で，当時屋久島を領有していた島津藩に屋久杉の利用を提言。没後，儒学者としての徳が偲ばれ，安房の人々に「屋久聖人」と称された。(→109ページ)

【スロー フード運動】 1986年，イタリアのピエモンテ州にあるブラという村のNPO が始めた運動。土地の伝統的な料理や，地元の伝統的な物産を重んじる。マクドナルドに代表される「ファストフード」に対する文化的な巻き返し。この動き以降，スローを「遅い」という意味ではなく，地域固有の価値や伝統，さらには流通機構にとらわれない独自の質を追求するといった意味で用いる文化傾向が現れた。スローライフはその一例で，スローの概念をライフスタイル全体に汎用したもの。（→112ページ）

【式年遷宮（しきねんせんぐう）】 伊勢神宮で20年ごとにおこなわれる遷宮行事。正宮である内宮（皇大神宮（こうたいじんぐう））・外宮（豊受大神宮（とようけだいじんぐう））の正殿と14の別宮をすべて造り替え，神座を遷す。このとき，宝殿外幣殿，鳥居，御垣，御饌殿など計65棟の殿舎のほか，装束や神宝なども造り替えられる。（→114ページ）

【御杣山（みそまやま）】 式年遷宮に使われる１万本以上のヒノキ（樹齢200-300年）を木材として伐り出す山。内宮・外宮の周辺の三山（神路山・島路山・高倉山）から伐採されていたが，原木が不足したことにより，第47回遷宮からは木曽谷が指定された。その後1923年に策定された森林経営計画にもとづき，再び正宮周辺の三山を御杣山とするためヒノキの植林が続けられている。2013年の第62回式年遷宮では，全用材の25％が三山から調達された。（→115ページ）

【寒（かん）だめし】 年初の１カ月の気温変化をもとに，一年の気候変化を予測する天候予測。雪国の多い東北では，気温変化だけでなく，雪の状態（みぞれ，あられ，粉雪など）も天候予測の要素として取り入れられている。（→116ページ）

【フラクタル理論】 フランスの数学者マンデルブロ（Benoît B. Mandelbrot, 1924-2010）が考え出した幾何学の概念。部分と全体が相似の関係になっている場合や，その関係が無限にくりかえされる関係になっている場合，これを自己相似という。マンデルブロは，海岸線や枝分かれした樹木の形などにこのような自己相似が見られるとして「フラクタル理論」を確立した。また，株価や物価の変動をグラフにした場合にもそのような自己相似が見られることがあるため，フラクタル理論は図形だけでなく，社会現象にも適用されている。（→118ページ）

【ナチュラルヒストリー（自然史）】 自然の歴史ではなく，自然についてのあらゆる記述が原義。一般には動物や植物の分類体系化を研究する学問のこと。日本

では「博物学」という訳語をあてられることが多く,「博物学者」は英語のナチュラリスト（自然史学者）のことをさす。(→121ページ)

【トゥルヌフォール（Joseph Pitton de Tournefort, 1656-1708)】 フランスの植物学者。植物の分類と属の概念を説き,「植物学の父」と呼ばれた。(→122ページ)

【ビュフォン（Georges-Louis Leclerc Comte de Buffon, 1707-88)】 フランスの博物学者, 数学者, 文筆家。『一般と個別の博物誌（*Histoire naturelle, generale et particuliere*, 1749)』（いわゆるビュフォンの博物誌）の著者として知られる。パリ植物園の園長を50年間務めた。(→123ページ)

【ジュシュー（Antoine Laurent de Jussieu, 1748-1836)】 フランスの植物学者。植物を無子葉植物, 単子葉植物, 双子葉植物に分ける分類体系を確立し, 後世の植物学に影響を与えた。パリの国立自然史博物館で初代館長を務めた。(→125ページ)

【ミシュレ（Jules Michelet, 1798-1874)】 フランスの歴史家, 作家。フランス革命の精神を擁護し, 独自のロマン主義的歴史哲学を形成。中世から19世紀までのフランス史を生き生きした筆致で描写した歴史書のほか, 海や山野の博物誌でも知られる。(→125ページ)

【ドードー】 インド洋の島々に生息していた鳥綱ハト目ドードー科の鳥の総称。モーリシャス島に入植したデンマーク人が, 1598年に記した報告書によってその存在が知られた。卵黄をブタに食べられたり, 人間が食糧として捕獲したことが原因で, 17世紀末までに絶滅。(→126ページ)

【ステラーカイギュウ】 ベーリング海の浅瀬に群生していた哺乳網海牛目ジュゴン科の毛皮獣。18世紀にこの地を探検したドイツ人医師で博物学者のシュテラー（Georg Wilhelm Steller, 1709-46）が初めてこの動物の報告者となったことにちなんでステラーカイギュウの名がついた。その後, カムチャッカの毛皮商人やハンターたちによる乱獲で絶滅。(→126ページ)

【リョコウバト】 北米大陸の東岸に生息していた鳥網ハト目ハト科の渡り鳥。乱獲によって20世紀初頭に絶滅。(→126ページ)

【再導入】 ある動物が絶滅した地域へ人間が同種の動物の群れを新たに導入し，自然環境にふたたび生息させること。生物多様性や生態系を修復する取り組みといえる。本文で述べたヨーロッパリンクスのほか，米国イエローストーン国立公園のハイイロオオカミ，アリゾナ州とニューメキシコ州のメキシコオオカミなどでも実施されている。（→127ページ）

【シエラクラブ】 アメリカ自然保護の父といわれるジョン・ミューアにより，1892年に創設された自然保護団体。本部はカナダにあり，全米規模で自然保護活動をおこなっている。（→129ページ）

【TNC（The Nature Conservancy）】 1951年に設立された米国の自然保護団体。生物生息地の確保や稀少野生生物・生態系の保全などの活動をおこなっている。本部は米国ワシントン。（→129ページ）

【エマーソン（Ralph Waldo Emerson, 1803-82）】 アメリカの思想家，詩人。自然と人間について「超絶主義（Transcendentalism）」の思想を展開。文学作品や講演などで，近代米国の精神風土の形成に大きな影響を与えた。（→130ページ）

【ソロー（Henry David Thoreau, 1817-62）】 アメリカの作家，思想家，詩人。ウォールデン湖畔の小屋で生態系と共存する素朴な生活を試み，そのあいだの思索をまとめた著書『ウォールデン――森の生活（*Walden: or, the life in the Wood*）』を1864年に発表した。（→131ページ）

【ヤサ】 モンゴルで，チンギス・ハンのモンゴル帝国時代に法令や法度を意味した言葉。ヤサはトルコ語で，モンゴル語ではジャサク（Jasak：札撒，札撒黒）という。モンゴル帝国建設以前，この語は軍律・軍法などを意味した。（→133ページ）

【サシ】 東インドネシア諸島の伝統的な資源管理の慣わし。生態系の均衡を保ち，資源利用を持続可能にするため，定期的に休猟や休漁をおこなうこと。（→134ページ）

【アダット】 マレーシア，インドネシア，タイ南部，フィリピン南部で，おもに

口承によって伝わっている慣例・慣行・伝統的秩序・慣習法。アラビア語のアーダを起源とするマレー語で，広義には「現在に生きる過去の範例・規範」を意味する。（→135ページ）

第4章

【ネイチャーライティング】 自然環境をめぐるノンフィクション文学。自然について述べたエッセーや論考，博物誌，旅行記，自然環境ガイドを含む文学のジャンルで，現在までにネイチャーライティングの学会や作家協会が世界各地に存在する。（→143ページ）

【レオポルド（Aldo Leopold, 1886-1948）】 ⇒第1章「土地倫理」参照。

【ディラード（Annie Dillard, 1945-)】 アメリカの作家，詩人。1975年に発表した『ティンカー・クリークのほとりで（*Pilgrim at Tinker Creek*)』でピュリッツァー賞を受賞。フィクションとノンフィクションの両方で知られ，ネイチャーライティング作品として1982年の『石に話すことを教える（*Teaching a Stone To Talk*)』がある。（→143ページ）

【ゲーテ（Johann Wolfgang von Goethe, 1749-1832)】 ドイツの詩人，劇作家，自然史学者。18世紀ドイツの革新的な文学運動，シュトゥルム・ウント・ドラングを代表する書き手として人間精神と感情の高揚を描き，のちのロマン派に通じる道を開いた。また『植物変態論』（1790）や旅行記『イタリア紀行』（1817）においては，人間探求への眼差しを植物学や地学といった自然探求にも向け，明晰な考察と該博な知識で，植物や鉱物などの身近な自然を論じた。（→143ページ）

【フレイザー（Sir James George Frazer, 1854-1941)】 スコットランドの社会人類学者。未開社会の神話・呪術・信仰に関する膨大な事例を古典文書や口承から収集し，『金枝篇（*The Golden Bough*)』（1890）13巻にまとめる。金枝とはヤドリギのことで，同書はローマ南東のネミの森に伝わるヤドリギ信仰を発端として書かれている。（→145ページ）

【グラック（Julien Gracq, 1910-2007)】 フランスの詩人・小説家・評論家。アンドレ・ブルトンの作品に影響される一方，ネルヴァルらの幻想的世界やケルトの神話にも感応し，現実と非現実が渾然と溶け合った文学世界を展開。（→146ペ

ージ）

【ベルナルダン・ド・サン＝ピエール（Jacques-Henri Bernardin de Saint-Pierre, 1737-1814）】 フランスの作家，植物学者。軍隊を退役後，マダガスカルへの遠征隊に参加し，モーリシャス島に滞在。帰国後はルソーらと交流しながら文筆活動や自然史研究に取り組み，1792年にパリ植物園園長となる。1787年の小説『ポールとヴィルジニー（*Paul et Virginie*）』はロマン主義文学のさきがけとされる。（→148ページ）

【カイヨワ（Roger Cailloirs, 1913-78）】 フランスの文芸批評家，社会学者，哲学者。「聖なるもの」への視点からラテンアメリカの祭祀や共同体の研究をおこなった。主著『遊びと人間（*Les Jeux et les hommes*）』（1958）。（→150ページ）

【エリュアール（Paul Éluard, 1895-1952）】 フランスの詩人。同時代のさまざまな立場の芸術家たちが離合集散するかたちでかかわりをもったシュルレアリスム運動において，終始この運動の中心であり続けた唯一の人物であるアンドレ・ブルトンとともに，「シュルレアリスム第一宣言」に名を連ねた。だがシュルレアリスムに賛同した多くの詩人や芸術家の例にもれず，のちにエリュアールもブルトンから「除名」された。愛をモチーフにした詩が多く，10代の頃に出会って青春をともに過ごした最初の妻ガラには，1929年の詩集『愛すなわち詩（*L'Amour la Poésie*）』で献辞を捧げている。また第二次世界大戦中の対独レジスタンス運動で自由を歌った詩人としても知られ，その多くは1942年の詩集『詩と真実（*Poésie et Vérité*）』に収められている。（→150ページ）

【クライン（Yves Klein, 1928-62）】 単色だけを使って描く「モノクローム絵画」を代表するフランス画家。（→152ページ）

【ホワイト（Gilbert White, 1720-93）】 イギリスの博物学者。ロンドン南西の小村セルボーンで教会の副牧師を務めながら，セルボーン教区内の動植物を観察し，博物学者のトマス・ペナントとデインズ・バリントンに20年間書簡を送り続けた。それをまとめた『セルボーンの博物誌（*The Natural History and Antiquities of Selborne*）』（1789）は，ネイチャーライティングと博物誌の古典とされる。（→153ページ）

【カーソン（Rachel Louise Carson, 1907-64)】 アメリカの海洋生物学者，作家。米国漁業局に勤めたあと，文筆業に専念。1962年，『沈黙の春（*Silent Spring*)』で農薬禍について警告し，環境保全への意識を喚起した。その他の著書に，『われらをめぐる海（*The Sea Around Us*)』(1951)，『潮風の下で（*Under the Sea Wind*)』(1952）などがある。(→154ページ)

【ジオノ（Jean Giono, 1895-1970)】 フランスの作家。ユゴーやバルザックやゲーテ同様，世界を自然・社会・人間の包括的な視点から描いたジオノにとって，プロヴァンスの自然はその秀逸な描写により，初期の頃から作品を構成し続けた大きな要素のひとつだった。(→156ページ)

【サートン（May Sarton, 1912-95)】 ベルギー生まれの小説家，詩人。幼少の頃に両親とともにアメリカへ亡命。乳がん，鬱状態などを克服して『メーンからの手紙（*Letters from Maine*)』などの詩集，『いまかくあれども（*As We Are Now*)』(1973）などの小説，『夢見つつ深く植えよ（*Plant dreaming deep*』(1968）などのエッセーを残す。(→158ページ)

【コッポラ（Francis Ford Coppola, 1939-)】 アメリカの映画監督。『ゴッド・ファーザー（*The Godfather*)』で興業的な成功を収めたあと，3100万ドルの巨費を投じて『地獄の黙示録（*Apocalypse Now*)』(1979）を制作。(→159ページ)

【コンラッド（Joseph Conrad, 1857-1924)】 イギリスの小説家。船員時代の体験を生かした海洋文学で知られる。『闇の奥（*Heart of Darkness*)』(1902)，『文化果つるところ（*An Outcast of the Islands*)』(1896）など。(→159ページ)

【ザウパー（Hubert Sauper, 1966)】 オーストリア出身の映画監督。『ダーウィンの悪夢（*Darwin's Nightmare*)』をはじめ，数々のドキュメンタリー映画を制作。(→162ページ)

【水仙月の四日】 宮沢賢治『注文の多い料理店』所収の童話。架空の月名「水仙月」の四日，目には見えない雪童子が雪山で人間の子どもに出会い，吹雪から子どもを救う物語。(→166ページ)

【アンビエント・ミュージック】 サティの「家具の音楽」に影響を受け，英国の

作曲家ブライアン・イーノが提唱した音楽のジャンル。「アンビエント（ambi-ent）」には「環境の」「場所全体の」という意味がある。（→176ページ）

【エコ・セントリシズム】 人間中心主義を意味する「エゴ・セントリシズム」に対し，生態系や生命を物の考え方の中心に置く立場。ノルウェーの哲学者アルネ・ネスによって提唱されたディープ・エコロジーの主要な概念。形容詞“eco-centric”にもとづくので，「エコ・セントリズム」の表記は誤り。（→179ページ）

第５章

【環境決定論】 人間の活動は自然環境によって支配されているとする立場。19世紀ドイツの地理学者フリードリヒ・ラッツェルが述べた考え方。ラッツェルは「人間は食・住という基本的欲求を通じて居住地域に結びついているので，地球上の民族分布の原因・メカニズム・法則を研究すべきである」として，人類地理学を創始した。（→209ページ）

【環境可能論】 人間の活動は自然環境によって支配されるのではなく，可能性を与えられるものであるとする立場。19世紀フランスの地理学者ポール・ヴィダル・ドゥ・ラ・ブラーシュが述べた考え方。ドゥ・ラ・ブラーシュは，経済・社会・歴史・政治などの社会的要因と環境の関係を研究し，フランス地理学派を創始した。（→209ページ）

【テーラーメイド】 広義には和製英語「オーダーメイド」と同じ。個人の差異に合わせて製品や対応を工夫することで，製造業や医療などの各分野に適用されている。（→211ページ）

【アメニティ】 快適環境。清浄で暮らしやすい自然環境に加え，美しい景観や伝統的な価値の保全など，人間の生活満足度を充足させることのできる環境をいう。（→214ページ）

環境文化年表

西暦	世界の動き	記録・論文・作品など
更新世後期	ホモ・サピエンスが出現	
前２万～１万	マドレーヌ狩猟信仰の文化が興る	ラスコーやアルタミラの洞窟壁画 イエリコの大集落
前２万頃	パレスチナを中心に原始交易始まる	タッシリ・ナジェールの岩壁画
前7000頃	西アジア～東地中海で農耕・牧畜始まる	
前4000頃	黄河中流域に農耕文明発展	ゼンド石文（象形文字の源流）
前3500頃	メソポタミアでシュメール人の都市国家成立	
前3200頃	エジプトでヒエログリフ，メソポタミアで楔形文字が使用される	シュメール・エラム辞典
前2300頃		『ギルガメシュ叙事詩』
前2200頃	インドのモヘンジョダロ最盛	ソールズベリーのストーンヘンジ
前1800頃		『ハンムラビ法典』
前1700頃	フェニキア人がアルファベットの原型を用い始める	バビロニアで現存最古の世界地図
前1600頃	黄河流域で甲骨文字が使用される	
前1550頃		エジプトの医学書『エーベルス・パピルス』
前1400頃	小アジアでヒッタイトが鉄製武器を使用 ギリシアでミケーネ文明栄える	
前1300頃	インドでバラモン教が成立	エジプトの日時計と水時計
前1200頃		インドでヴェーダ聖典が成立
前900頃	ギリシアでポリスが成立	
前８～７世紀	アッシリアがオリエント統一	ホメロス『イリアス』『オデュッセイア』

前770頃	中国で春秋時代始まる。前520頃から諸子百家が活躍	ヘシオドス『労働と日々』
前750頃	ローマ市が建設される	ギリシアでアポロンの神託成る
前7世紀	ゾロアスター教が成立	ニネヴェ宮殿の空中庭園
前600頃	ジャイナ教が成立 ギリシアで自然哲学が興隆。自然の体系についての研究始まる	四元素説（火・水・空気・土）
前539	ペルシアがオリエント世界を統一	
前5世紀	仏教が成立	中国最古の詩集『詩経』
前479	プラタイアの戦いでペルシア戦争におけるギリシアの勝利が確定	
前447	ギリシアのペリクレスがパルテノン神殿の建設を開始	
前420頃		ヘロドトス『歴史』，トゥキディデス『歴史』
前387	ケルト人，ローマに侵入	
前4～3世紀	ユークリッド，アルキメデスらのアレクサンドリア学派が興隆	
前345頃		アリストテレス『動物誌』
前334	マケドニアのアレクサンドロス大王が東方遠征を開始。東西文化融合の契機となる	
前330頃		テオフラストス『植物誌』
前300頃	エジプトのプトレマイオス一世がアレクサンドリアにムセイオンを設立	デメトリオス『イソップ物語』
前268	インドでマウリア朝アショーカ王が即位。以後，第3回仏典結集や仏塔建立をおこなう	
前250頃		東周で『周礼』成る
前221頃～	秦の始皇帝のもとで万里の長城建設が進む	蒙恬の毛筆改良
前200頃	海の道，絹の道，草原の道，オアシスの道などの東西交易路が発達。海洋と大陸がネットワーク化	江南文化圏で『神農本草経』
前195頃		ロゼッタ碑文
前177頃	モンゴル高原で匈奴が強大化。西域を支配下に置く	旧約聖書中の「ダニエル書」

前160頃		大カトー『農業論』
前146	ローマがポエニ戦争でカルタゴを滅ぼし，西地中海の覇権を確立	
前105	後漢の蔡倫が製紙法を発明	
前91頃		司馬遷『史記』
前51頃		カエサル『ガリア戦記』
前46頃	カエサルがユリウス暦を制定	
前27頃～	帝政ローマでコロセウム，円形劇場，水道などの大土木工事進む	
前30頃		ヴェルギリウス『アエネイス』『農耕詩』
紀元前後	ヒンドゥー教が成立	
1世紀	キリスト教が成立	タキトゥス『ゲルマニア』
1世紀中頃	季節風の発見	ギリシア人が著した紅海・アラビア海・インド洋の案内書『エリュトゥラー海案内記』
60頃	初期大乗仏教成立	ディオスコリデス『薬物誌』
79	ヴェスビオス火山の噴火でポンペイが埋没	プリニウス『博物誌』
2世紀		プトレマイオス『天文学大全』
2～4世紀		『新約聖書』成立
135頃～	インドのクシャーナ朝カニシカ王のもと，ガンダーラ美術が繁栄	
180	ローマ帝国からマルクス・アウレリウス・アントニヌス（大秦王安敦）の使者，後漢の日南郡に至る	ガレノス『治療の方法』
200	この頃までに後漢で盆栽が生まれる	
210		インドの本草書『チャラカ本草』
235	ササン朝ペルシア成立	
280		この頃までに中国の『神農本草経』成立
284頃	倭の女王卑弥呼が魏に朝貢し，親魏倭王の称号を受ける	
4世紀頃		サンスクリット語の叙事詩『マハーバーラタ』『ラーマーヤナ』
4世紀前半		インドの本草書『スシェルタ本

		草』
313	ミラノ勅令	
320頃	グプタ朝成立	
325	ニケーア公会議	
375	ゲルマン民族の大移動始まる	
395	ローマ帝国が東西に分裂	
4世紀末		パラディウス『農業論』
412～422		法顕『仏国記』
439	北魏が華北を統一。五胡十六国時代が終わり南北朝時代始まる	
460頃	西域にオアシス型都市国家群	雲崗石窟の造営開始
6世紀	ビザンツ様式の代表，サン・ヴィターレ聖堂建立	酈道元『水経注』
		アジャンター石窟寺院
	ユカタン半島でマヤ文明が栄える	
538	百済から倭国に仏教伝来	
555	東ローマ帝国ユスティニアヌスのローマ法大全完成	
7世紀	イスラム教成立	乳香の道がイスラム巡礼の道に
603	倭が隋に最初の使者を派遣（遣隋使の開始）	
605	隋で大運河工事開始	
608	聖徳太子の建言で十七条憲法制定	
618	唐王朝成立	
622	ムハンマド，メッカからムディナに移住（ヒジュラ暦元年）	アラビア数字が西方世界に伝播
625頃		イシドルス（西ゴート）『語源もしくは起源』
628	唐の仏僧，玄奘がインドへ旅立つ	
646		玄奘『大唐西域記』
659		中国初の勅撰本草書『新修本草』成立
695頃		義浄『南海寄帰内法伝』
7世紀	唐で火薬・羅針盤・木版印刷発明	
7～8世紀		『万葉集』
711	ウマイヤ朝が西ゴート王国を滅ぼす	
751	タラス河畔の戦いで製紙技術が唐から西方に伝わる	

766	アッバース朝カリフのマンスール，バグダード建設	
8世紀	アラビアで自然科学が発達	大秦景教流行中国碑
8世紀前半		ベーダ『事物の本性について』
800	フランク王国のカール大帝が戴冠。以後，ゲルマン，ローマ，キリスト教というヨーロッパ文化の3つの基礎が融合	カール大帝，王国の農場で薬草を栽培
9世紀	カール大帝の奨励により，ヨーロッパの古代文化復興運動（カロリング・ルネサンス）興る	浦島伝説の原型成立 平安京の製紙場「紙屋院」設立
850頃	ジャワにシャレインドラ朝の遺跡，ボロブドゥールが造営される	
900頃	英国がインド香料の輸入を開始	山水画が確立
10世紀	イースター島でモアイ像が造られる	中国で印刷術が完成
10～13世紀	ギリシアやイスラムの自然科学を伝えるアラビア語文献のラテン語翻訳が進む	
905～912		『古今和歌集』
915		深根輔仁『本草和名』（日本で現存する最古の医学書）
936	高麗が朝鮮半島を統一	
962	東ローマ帝国のオットー1世が戴冠	
11～12世紀	ヨーロッパで自治都市興る	ロマネスク様式の代表，ピサ大聖堂建立
11～13世紀	北フランスやドイツで騎士道物語に代表される中世文学が盛んになる	
1002		清少納言『枕草子』
1008		紫式部『紫式部日記』
1016	デーン人クヌート，イングランド王となりデーン朝を創始	
1025頃		イブン・シーナー『医学典範』
1055	セルジューク朝のトグリル・ベク，スルタンの称号を受けバクダード入城。	『オストロミールの福音書』（現存最古のロシア書物）
1066	ノルマンディー公ウィリアムがイングランドを征服し，ノルマン朝を創	アサディの叙事詩『ガルシャースプの書』

	始（ノルマン・コンクエスト）	
1077	聖職叙任権闘争で神聖ローマ皇帝ハインリヒ4世が教皇グレゴリウス7世に破門されて謝罪（カノッサの屈辱）	バイユーのタピストリー完成
1096	十字軍開始。交易路の拡大や中世都市の成立に影響	アンセルムス『なぜ神は人となったか』
1100頃		ハイヤーム『ルバイヤート』
11世紀末	修道院活動開始	『ローランの歌』
12世紀	イスラム科学のラテン語訳開始	『アーサー王物語』
12～13世紀	ヨーロッパで大学が成立し，組織運営される	『鳥獣戯画』
12～14世紀	ヨーロッパの教会でスコラ哲学が主流となる	
13世紀	ゴシック様式の代表，ノートルダム大聖堂建立	ロジャー・ベーコン『大著作』『小著作』『第三著作』 アル・カズウィーニー『宇宙誌』 『ニーベルンゲンの歌』
13～16世紀	ニジェール川流域で，マリ王国・ソンガイ王国の都トンブクトゥが繁栄	
1206	モンゴルでテムジンがハーン位に就く	ロンドン橋着工
1212		鴨長明『方丈記』
1280	元の郭守敬がイスラム天文学の影響を受けて授時暦を作成	この頃，ナポリにマカロニ出現，日本に納豆伝来
1289		ジョット画「聖フランチェスコ伝」
1299		マルコ・ポーロ『世界の記述（東方見聞録）』
14世紀	イタリアルネサンスが興る	『水滸伝』
1309	教皇庁がフランスのアビニョンに移転（教皇のバビロン捕囚）	
1312		ダンテ『神曲』
1336	ヴェネツィアに市民植物園が開園	ペトラルカのバントゥー山登山
1337～39		アンブロージョ・ロレンツェッティ「善政」

1339	英仏百年戦争が勃発	ボヘミアグラスの生産開始
1347～50	ヨーロッパでペストの流行が最悪となり，農業人口の激減で封建社会の解体を早める	
1348～53		ボッカチオ『デカメロン』
14世紀後半	明，ティムール帝国，室町幕府興る この頃，ヨーロッパで普遍論争	イブン・ハルドゥーン『世界史序説』
1356頃	カール4世，金印勅書発布	イブン・バットゥータ『三大陸周遊記』
1358	フランスでジャックリーの農民反乱	フランスで金属スプーンの使用
1381	イギリスでワット・タイラーの農民反乱	
1387～1400		チョーサー『カンタベリー物語』
15世紀	ペルーのクスコにインカ帝国の都市マチュピチュ造営	エンリケ航海王子の新航路
1405	明朝の鄭和が西航を開始	
1430	英仏百年戦争で，ジャンヌ・ダルクがオルレアンを包囲していたイギリス軍を撃退	アンジェリコ「受胎告知」 ブルゴーニュ公国のフィリップ善公，ゼンマイ時計を発明
1450頃		ドイツのグーテンベルクが活版印刷術を開発
1453	東ローマ帝国が滅亡	
1485	チューダー朝始まる（近代イギリスの出発）	ドイツ語の本草書『健康の園』
1486	この頃，日本で一揆があいつぐ	フランス語の本草書『大本草書』
1488	ポルトガルのバーソロミュー・ディアズ，アフリカ最南端に到達。国王ジョアン2世が喜望峰と命名	兼良『尺素往来』
1492	コロンブス，アメリカ大陸に到達 グラナダが陥落しナスル朝が滅亡。レコンキスタ（国土回復運動）の終結	ヴェネツィアグラス最盛期
1498	バスコ・ダ・ガマがインドのカリカットに到達	レオナルド・ダ・ヴィンチ「最後の晩餐」
16世紀		『千夜一夜物語（アラビアン・

		ナイト)』，現在の形に集成
16〜17世紀	植民地・半植民地で支配国による砂糖・タバコ・綿花などの大農園制（プランテーション）が広まる	
1503		デューラー「芝草」
1516		トマス・モア『ユートピア』
1517	ルター「95カ条の論題」。ドイツ宗教改革始まる マムルーク朝滅亡。オスマン帝国のスルタン・カリフ制が成立	室町の歌謡集成『閑吟集』
1520	マゼランが南アメリカ南端の水路（マゼラン海峡）に到達	王守仁の致良知説
1521	コルテスがアステカ帝国を滅ぼす	
1526	バーブルがムガール帝国を建国	カボットの北米探険
1532〜32	ピサロがインカ帝国を滅ぼす	
1535〜41		ミケランジェロ「最後の審判」
1538	プレヴェザの海戦で，オスマン帝国の艦隊がキリスト教徒連合艦隊を撃破。東地中海の制海権を得る	
1542		フックス『草木誌』
1543	日本の種子島にポルトガル人が到達し，鉄砲が伝来する	コペルニクス『天球回転論』 ヴェサリウス『人体の構造』
1545頃	新大陸にポトシ銀山が発見され，大量の銀がヨーロッパへ流出。価格革命が起こる	ゲスナー『ミトリダテス』
1550頃		『花伝書』（作者不詳）
1551		ゲスナー『動物誌』
1555	アウグスブルクの宗教和議でルター派が公認される	
1557	ポルトガル人のマカオ居住を公認	ブロン『魚類の性質と多様性』
1580	ロシアで農奴制強化	パリシー『森羅万象讃』
1580〜88		モンテーニュ『随想録』
1582	教皇グレゴリウス3世がグレゴリウス暦を制定	
1587		千利休，北野大茶会を主幹
1588	エリザベス1世統治下のイギリス艦隊が，スペインの無敵艦隊を撃破	長次郎親子の楽焼

1595	ネーデルラント人ジャワに至る	シドニー『詩の弁護』
1596		李時珍『本草綱目』
1600	イギリス東インド会社設立 地動説と汎神論を唱えたジョルダーノ・ブルーノが火刑	ギルバート『磁石論』 シェイクスピア『ヴェニスの商人』
1602	ネーデルラント東インド会社設立	マテオ・リッチ『坤輿万国全図』
1609	ケプラーが天体の法則を発見	グロティウス『海洋自由論』
1612		林羅山『多識編』
1613	ロシアのミハエル・ロマノフがロマノフ朝を創始	セルバンテス『模範小説集』
1618	ドイツを中心とする宗教戦争，三十年戦争が勃発	ケプラー『コペルニクス天文学綱要』
1623	ネーデルラントが香料諸島からイングランドを駆逐（アンボイナ事件）	
1625		グロティウス『戦争と平和の法』
1633	地動説を唱えたガリレオ・ガリレイが宗教裁判で終身刑	ブラウエル画『喫煙する農夫たち』
1637		宋応星『天工開物』 デカルト『方法序説』
1639		徐光啓『農政全書』
1639～41	江戸幕府が鎖国を完成	
1642	イギリスでピューリタン革命	トリチェリの大気圧実験
1645～1715	太陽黒点が著しく減少（マウンダー極小期）。ユーラシア大陸や北米大陸などが寒冷化	
1650	英国初のコーヒーハウス誕生	熊沢蕃山『大和西銘』
1651	クロムウェルが航海条例を発布	ホッブズ『リヴァイアサン』
1653頃	ムガール帝国タージ・マハルが造営される	
1657	フィレンツェ科学アカデミー創立	パスカル『幾何学的精神について』
1660	ボイルが血液循環の法則を発見	旅行馬車ベルリーネ出現
1661	フランスでルイ14世が親政を始め，コルベールを登用して重商主義政策を推進	

1661〜82	ヴェルサイユ宮殿が造営される	
1667	コルベールの森林大勅命発布	ミルトン『失楽園』
1677		スピノザ『エチカ』
1682	ハレーが彗星接近の周期を発見	レイ『植物分類法新論』
1683		レーウェンフック，バクテリア発見
1687	徳川綱吉，生類憐みの令	ニュートン『プリンピキア』
1688〜97	ファルツ継承戦争	
1689	ネルチンスク条約で清とロシアの国境確定	渋川春海，江戸に天文台を設置
1690		ロック『統治論二篇（市民政府二論）』
1694	チベットでポタラ宮殿完成	トゥルヌフォール『植物学の基礎』
1701	プロシア王国成立 イスパニア継承戦争	
1702	デンマークで農奴解放	松尾芭蕉『おくのほそ道』
1703	ロシアのピョートル大帝がペテルスブルク建設を開始	
1709	清で円明園の造園開始	貝原益軒『大和本草』
1714		ライプニッツ『モナドロジー』
1716	享保の改革始まる	
1719		デフォー『ロビンソン・クルーソー漂流記』 新井白石『東雅』
1720	マルセイユにペスト流行	
1722	イースター島の石像群発見される	ラモー『和声論』
1725		『古今図書集成』（中国史上最大の百科全書）
1726		ヘイルズ『植物生理学』 スウィフト『ガリバー旅行記』
1728	ベーリング，北米大陸のベーリング海峡を確認 景徳鎮の窯業が最盛期を迎える	
1732	フランスでジャンセニストが迫害される	ブリューシュ『自然の光景』
1734	江戸で米一揆	レオミュール『昆虫誌のための

		記録』
		ヴォルテール『哲学書簡』
1735	ポーランド継承戦争	リンネ『自然の体系』
1740〜48	オーストリア継承戦争	
1747	サン・スーシ宮殿造営	
1748		モンテスキュー『法の精神』
1749		ビュフォン『一般と個別の自然誌』
1751		ディドロ，ダランベールら『百科全書』
1753	大英博物館設立	
1755	コルシカの独立運動失敗	ルソー『人間不平等起源論』
1756〜63	七年戦争	
1758		ケネー『経済表』
1759		モンソー『農学原理』
1762	ロシアで女帝エカテリーナ２世即位	ルソー『社会契約論』
1765	英国が印紙条例発布	ワットが蒸気機関を発明
1768	クックの世界周航探検	
1769	アークライトが水力紡績機を開発。この時期から産業革命が始まる。	スパランツァーニ，微生物の自然発生説を否定する実験
1776	アメリカ独立宣言	アダム・スミス『国富論』
1781	江戸大火	カント『純粋理性批判』
1784	タイのバンコクにワット・プラケーオ（エメラルド寺院）造営	ベルナルダン・ド・サン＝ピエール『自然の研究』
1787	寛政の改革始まる	
1789	フランス革命勃発 フランス人権宣言 米国でワシントンが初代大統領となる	アントワーヌ・ロラン・ド・ジュシュー『植物の属』 ラヴォワジェ『化学原論』 ホワイト『セルボーンの博物誌』
1793	ジャコバン党独裁	宇田川玄随『西説内科撰要』
1794	テルミドール（熱月９日）の反動	
1795	英国がオランダから喜望峰，セイロン島などの植民地奪う	ジェイムズ・ハットン『地球の理論』
1796	バブーフの陰謀	ハイドン「天地創造」
1798	ナポレオンのエジプト侵入	マルサス『人口論』 ワーズワース『叙情民謡詩篇』

1799	ドイツのフンボルトらによる中南米探検	
1800		ジョルジュ・キュビエ『比較解剖学講義』
1801	大ブリテンおよびアイルランド連合王国成立	ノヴァーリス『青い花』
1804	ナポレオン法典成立	ブレイク『ミルトン』
1807～08		ベートーヴェン「交響曲第5番」
1808	米国で奴隷貿易禁止	フルトンが蒸気船を発明
1809		ラマルク『動物哲学』
1811	イギリスの織物工業地帯でラダイト運動勃発	この頃，ベトナムでチュノム文学が興隆
1812	ナポレオンのロシア遠征 英国議会，東インド会社の交易活動を停止	グリム『子どもたちと家庭の童話』 バイロン『チャイルド・ハロルドの巡礼』
1813	ライプチヒの戦い	オーギュスタン・ピラミュ・ドゥ・カンドル『植物学の基礎理論』
1814	ウィーン会議	ワーズワース『逍遥』
1815	スイスの永世中立を承認	
1822	フランスのシャンポリオンがロゼッタ碑文から古代エジプトの神聖文字を解読	リッター『一般比較地理学』 間宮林蔵『蝦夷全図』
1823	ペルー独立	シューベルト「美しき水車小屋の娘」
1825	ストックトン＝ダーリントン間に初の鉄道建設	キュビエ『地球表面についての講義』
1826		クーパー『革脚絆物語』
1828	ロンドン動物園開園	ゴッドマン『あるナチュラリストの逍遥』
1828～29	露土戦争	
1830	フランス七月革命 天保の改革始まる ベルギー独立宣言	スタンダール『赤と黒』 ベルリオーズ「幻想交響曲」 ライエル『地質学原理』
1831		ドラクロワ「民衆を導く自由の女神」

1832	天保大飢饉始まる	ゲーテ『ファウスト』
1836	パリのエトワール凱旋門完成	エマーソン『自然論』
1839	カメハメハ1世がハワイ統一	ダゲールがダゲレオタイプ（世界最初の実用写真技法）を発表
1842～46		バルザック『人間喜劇』
1845～62		フンボルト『コスモス』
1847	ドイツのマイヤーとヘルムホルツが「エネルギー保存の法則」を発見	サッカレー『虚栄の市』
1848	カリフォルニアに金鉱発見。ゴールドラッシュが始まる フランス二月革命	ゴーゴリ『死せる魂』
1851	英仏海峡の海底に海底電信ケーブルが敷設される	フォスター「故郷の人々」
1851～64	清朝末期の中国で太平天国の乱が勃発	
1852		トゥルゲーネフ『猟人日記』
1853	アメリカのペリーが日本の浦賀に来航し，開国を要求	
1854	クリミア戦争始まる ブーア人，オレンジ自由国建設	ルコック『ヨーロッパ植物地理学研究』 ソロー『ウォールデン――森の生活』
1855	リヴィングストンがビクトリア瀑布に到達 第一回パリ万国博覧会 安政江戸大地災	アイルランド民謡「ロンドンデリーの歌」 ネルヴァル『オーレリアあるいは夢と人生』 ホイットマン『草の葉』
1857	インドでシパーヒーの乱起こる	フローベル『ボヴァリー夫人』 ミレー「落穂ひろい」
1859	安政の大獄	ダーウィン『種の起源』
1861	アメリカで南北戦争始まる イタリア王国成立	ミシュレ『海』
1862		ユゴー『レ・ミゼラブル』
1862	リンカーンの奴隷解放宣言	マネ「草の上の昼食」
1862～96		スペンサー『総合哲学体系』
1864	第一インターナショナル	コロー「モルトフォンテーヌの思い出」

1865	メンデルが「遺伝の法則」を発見	
1866	大西洋横断海底電線敷設 普墺戦争	ヘッケル『生物の一般形態学』 キャトルファージュ『海水・淡水環形動物の自然史』 フランス唱歌「さくらんぼの実る頃」
1867	明治維新	ヘッケル『自然創造史』
1867〜94		マルクス『資本論』
1869	米国で大陸横断鉄道完成	ボードレール『小散文詩集（巴里の憂鬱)』
1870	普仏戦争	ヴェルヌ『海底2万マイル』
1871	ドイツ帝国成立 ドイツで文化闘争始まる	
1872	イエローストーン国立公園設立 チャレンジャー号の世界海洋調査	ウィーダ『フランダースの犬』 クールベ「ジュラ山脈の流れ」
1875	イギリスのディズレーリ内閣，スエズ運河を買収	ガルニエ設計のオペラ座
1877	インド帝国成立，ヴィクトリア女王がインド皇帝を称す	トルストイ『アンナ・カレーニナ』 ゾラ『居酒屋』
1878		スタンレー『暗黒大陸横断記』
1880	パストゥールが狂犬病の予防接種に成功	ドストエフスキー『カラマーゾフの兄弟』
1881	アデールがパリのオペラ座で世界初の2チャンネル音響システム（ステレオ）を公開	ルノワール「舟遊びの人々の昼食」 ランケ『世界史』
1882	ガウディがサグラダ・ファミリアの第2代建築家に任命	コッホ，結核菌を発見
1884	グリニッジが万国子午線に定められる	ケッペンの世界気候分類
1885	第1回インド国民会議	ターナー「ダービーシャーの静かな風景」
1886	足尾銅山鉱毒事件	ゴッホ「ムーラン・ドゥ・ラ・ギャレット」
1889	第四回パリ万博でエッフェル塔完成 国際動物学会議設立	ダンロップが自転車タイヤ発明 ベルクソン『時間と自由意志』
1890	アメリカでフロンティアの消滅	フレイザー『金枝篇』

1891		ラッツェル『人類地理学』
1892	ジョン・ミューアによりアメリカにシエラクラブが発足	
1893	キュリー夫妻がラジウムを発見	ドヴォルザーク「交響曲第9番」
1894	日清戦争起こる	内村鑑三『代表的日本人』 リュミエール兄弟がシネマトグラフの上映を開始
1895	イギリスでナショナル・トラスト設立 下関条約と三国干渉 ナンセンが北極探険	樋口一葉『たけくらべ』 オーストラリア民謡「ワルツィング・マチルダ」 ヴァーミング『植物群落』
1895～1990		セザンヌ「リンゴとオレンジのある静物」
1897	ボンベイの病院に世界初のバイオガスプラント設置	黒田清輝『湖畔』 ボルツマン『力学原理』 ゴーギャン「われわれはどこから来たのか，何者なのか，どこへ行くのか」
1898	ハワードが田園都市を提唱 ファッショダ事件	国木田独歩『武蔵野』
1899～1902	ボーア戦争	ハットン『地球の理論』
1900	パリのメトロが運行開始	牧野富太郎『大日本植物志』
1902	日英同盟	菱田春草「雪後の月」 コンラッド『闇の奥』
1903	パナマ運河建設開始	ロンドン『荒野の呼び声』
1904	日露戦争起こる イタリアのラルテルロで世界初の地熱発電	
1905	第一次モロッコ事件 ロシアで血の日曜日事件 ロシアがシベリア鉄道を完成	ドビュッシー交響詩「海」
1905-08		ルクリュ『地人論』
1907		ファーブル『昆虫記』
1908	コンゴ自由国，ベルギーに編入	
1909		ユクスキュル『動物の環境世界と内的世界』

1910		柳田國男『遠野物語』
1911	第二次モロッコ事件 中国で辛亥革命 アムンゼンが南極点に到達	
1914	第一次世界大戦始まる	
1915		アインシュタイン『一般相対性理論』
1916		森鷗外『高瀬舟』
1917	ロシア革命	
1918〜22		シュペングラー『西欧の没落』
1919	パリ講和会議 ガンディーの反英不服従運動開始	ヴァレリー『精神の危機』
1919〜23	トルコ革命	
1920	国際連盟成立 ヴェルサイユ条約 ニコライエフスク事件	バロウズ『宇宙を受け入れて』 デフォー『ドリトル先生アフリカへ行く』 北原白秋『雀の生活』 サティ「家具の音楽」
1922	ワシントン軍縮条約	マルトンヌ『人類生態学原理』 エリオット「荒地」
1923	関東大震災	
1924	第一次国共合作 ドーズ案	ヴェルナツキー『地球化学』 宮沢賢治『注文の多い料理店』
1925	アラスカのノーム市にジフテリアが発生。シベリアン・ハスキー犬のバルトをリーダーとする犬ぞりチームが血清を届け，街をジフテリアから救う	コルビジェ『ユルバニスム』 オルテガ『芸術の非人間化』 デューイ『経験と自然』
1926		モネ「睡蓮」 南方熊楠『南方随筆』
1927	アメリカのリンドバーグが太平洋横断初飛行	
1928	ソ連で第一次５カ年計画開始 フレミング，ペニシリン発見	ローレンス『チャタレー夫人の恋人』
1929	ニューヨーク，ウォール街の株式大暴落。世界恐慌起こる ラテラノ協定	宮城道雄「春の海」 レマルク『西部戦線異状なし』 エリュアール『愛すなわち詩』

	米国で都市騒音研究開始	
1930	第一回英印円卓会議	レフェシェッツ『トポロジー』
1931	満州事変始まる	和辻哲郎『風土』
	ウェストミンスター憲章で英連邦成立	バック『大地』
1933	日本，国際連盟脱退	マッケンジー『メトロポリタン・コミュニティー』
	ヒトラー独裁開始	寺田寅彦『物質と言葉』
1934	中国共産党の大西遷（長征）	レリス『幻のアフリカ』
1937	日中戦争開始	ピカソ『ゲルニカ』
1938頃		ロシア民謡「カチューシャ」
1939	第二次世界大戦始まる	
1940	日独伊三国軍事同盟	ヘミングウェイ『誰がために鐘は鳴る』
1941	日本，真珠湾攻撃。太平洋戦争始まる	今西錦司『生物の世界』
1942	米国，マンハッタン計画開始	ポンジュ『物の味方』
1943	カイロ会談，テヘラン会談	ヘッセ『ガラス玉演戯』
	ド＝ゴールの対独抵抗運動	サルトル『存在と無』
	スターリングラードで独軍敗北	サン・テグジュペリ『星の王子さま』
1944	連合軍のノルマンディー上陸作戦	シュレディンガー『生命とは何か』
1945	アメリカが日本の長崎・広島に原子爆弾を投下	老舎『四世同堂』
	ヤルタ会談	カルネ『天井桟敷の人々』
	国際連合発足	英米記録映画『真の勝利』
		ベルタランフィが「一般システム理論」を提唱
1946	この時期より米ソ冷戦始まる	ベネディクト『菊と刀』
1947	インド独立	西脇順三郎『旅人かへらず』
1949	中華人民共和国が建国	ロレンツ『ソロモンの指環』
1950	朝鮮戦争勃発	
1952	ヨーロッパ石炭鉄鋼共同体条約（ECSC）発効	ケージ「4分33秒」
		手塚治虫『鉄腕アトム』
1953	ユーゴ憲法改正，チトー大統領就任	ボンヌフォア『ドゥーヴの動と不動について』
	ワトソンとクリックがDNAの二重らせん構造を提唱	ジオノ『木を植えた男』

		ディズニー「砂漠は生きている」
1955	第1回アジアアフリカ会議 ビキニ環礁水爆実験で日本の第五福竜丸が被災	宮本常一『民俗学への道』 ド・シャルダン『現象としての人間』
1956	水俣市で水俣病が確認される	
1957	欧州共同体（EEC），欧州原子力共同体（EURATOM）調印	梅棹忠夫『文明の生態史観』 バシュラール『空間の詩学』 ワイルダー『翼よ，あれが巴里の灯だ』
1958	ジュネーヴ国際海洋会議 アラブ連合共和国発足	カイヨワ『遊びと人間』 レヴィ＝ストロース『構造人類学』
1959	欧州自由貿易連合（EFTA）調印 南極観測隊の昭和基地に取り残されていた樺太犬のタロとジロが生還	黒川紀章らの建築運動「メタボリズム」 キイス『アルジャーノンに花束を』
1960	仏領アフリカ植民地17カ国が独立（アフリカの年）	ベル『イデオロギーの終焉』
1961	ソ連が初の有人宇宙船ヴォストーク1号を打ち上げる	
1962	キューバ危機	カーソン『沈黙の春』 堀江謙一『太平洋ひとりぼっち』 リーン『アラビアのロレンス』
1963		キング牧師演説「私には夢がある」
1965	アメリカ軍，北ベトナム基地を爆撃（北爆の開始） 新潟水俣病が確認される	ボイス『死んだうさぎに写真をどう説明するか』
1967	（中）毛沢東指導の文化大革命起きる（～76） 四日市ぜんそくの民事訴訟提訴	武満徹「ノヴェンバー・ステップス」
1968	イタイイタイ病訴訟始まる 宇宙太陽光発電が初めて提唱される パリ大学で大規模な学生デモ	イームズ『パワーズ・オブ・テン』 キューブリック『2001年宇宙の旅』

		サートン『夢見つつ深く植えよ』
1969	米国がアポロ11号で初の月面到達 仏のコンコルド，音速突破	川端康成『美の存在と発見』 石牟礼道子『苦海浄土　わが水俣病』 トゥレーヌ『脱工業化社会』
1970	ユネスコが「人間と生物圏計画（MAB 計画）」を開始	
1972	国連人間環境会議開催（ストックホルム）。「人間環境宣言」を採択 国連環境計画設立	ベイトソン『精神の生態学』 ローマクラブ『成長の限界』 ガボール『成熟社会』
1973	ワシントン条約（絶滅の恐れのある野生動植物種の取引に関する条約）採択 第一次オイルショック ベトナム和平協定	ドヴェーズ『森林の歴史』 シューマッハー『スモール・イズ・ビューティフル』 デンバー「ロッキー・マウンテン・ハイ」
1974	エチオピア革命	ヘイ『生き残りの精神』 ディラード『ティンカー・クリークのほとりで』
1974～82		米国 NBC ドラマ『大草原の小さな家』
1975	ベトナム戦争終結 ヘルシンキ宣言 バスク独立運動	ウィルソン『社会生物学』 福岡正信『自然農法』
1976	ギタリストのアッカーマンがウィンダム・ヒル・レコードを創設 ロッキード事件	ヘイリー『ルーツ』
1977	国際捕鯨委員会で日本に非難集中	スピルバーグ『未知との遭遇』 ガルブレイス『不確実性の時代』
1978	植村直巳，犬ぞりで人類初の北極点単独行	イーノ「アンビエント・ミュージック」
1979	世界保健機関（WHO），天然痘の撲滅を宣言 スリーマイル島原子力発電所で放射能漏れ事故	コッポラ『地獄の黙示録』 大岡信『折々のうた』（朝日新聞）連載開始 ラブロック『地球生命圏　ガイアの科学』

1980	イラン・イラク戦争勃発 ソマリアで難民130万人が飢餓 第二次オイルショック	トフラー『第三の波』 ドゥルーズ，ガタリ『千のプラトー』 セーガン『コスモス』
1982	国連環境計画（UNEP）がナイロビ宣言を発表	
1983	パイオニア10号，太陽系脱出	吉良竜夫『生態学から見た自然』
1984	アフリカ大陸で１億5000万人が飢餓 エチオピア飢餓救済チャリティーロックイベント「バンドエイド」開催	宮崎駿『風の谷のナウシカ』 富田勲『トミタ・サウンドクラウド』
1985	グリーンが超ひも理論を発表 ソ連でゴルバチョフが書記長となり，ペレストロイカ，グラスノスチを推進 「ライブエイド」開催	USA・フォー・アフリカ「ウィー・アー・ザ・ワールド」 ワトソン『二重らせん』 フンデルトバッサー「フンデルトバッサー・ハウス」
1986	ソ連でチェルノブイリ原発事故，アメリカでスペースシャトル「チャレンジャー」が爆発	ロペス『極北の夢』
1987	ペレストロイカ開始 ゴルバチョフがノーベル平和賞受賞	ベルトルッチ『ラストエンペラー』
1988	PLO，パレスチナ独立国家を宣言	ガスカール『緑の思考』 ベッソン『グラン・ブルー』
1989	米ソ首脳のマルタ会談 ベルリンの壁撤廃 中国で第二次天安門事件	野尻抱影『星の文学誌』
1990～	新しいエネルギー資源としてシェールガスが注目される	モラン『複雑性とは何か』
1991	経済協力開発機構（OECD）が「地球環境問題に関する途上国の取組への支援策，環境と開発援助に関するガイドライン」採択	ゴルデル『ソフィーの世界』 ドーキンス『利己的遺伝子』 ポンティング『緑の世界史』
1992	国連環境開発会議（UNCED）で気候変動枠組条約・生物多様性条約などを採択（リオ・デジャネイロ） バーゼル条約発効 マーストリヒト条約採択	ル・クレジオ『パワナ』 佐藤真『阿賀に生きる』 ゴア『地球の掟』 龍村仁『地球交響曲第一番』

1993	世界貿易機関（WTO）発足 日本で環境基本法制定 欧州連合（EU）発足 世界銀行，ナルマダダム（インド）への追加融資を見送り 第1回アフリカ開発会議が東京で開催される	西岡常一『木のいのち　木のこころ』 トゥアン『感覚の世界――美・自然・文化』 マーシャル『生きてこそ』 サイード『文化と帝国主義』 スピルバーグ『シンドラーのリスト』
1994	南ア共和国でマンデラが大統領となる	星野道夫『アークティック・オデッセイ』
1995	日本で阪神淡路大震災，地下鉄サリン事件 フランス，ムルロワ環礁で核実験を強行 東アジア酸性雨モニタリング構想ネットワーク採択	アガンベン『ホモ・サケル』
1996	包括的核実験禁止条約（CTBT）採択	ハンティントン『文明の衝突』 コルボーン他『奪われし未来』
1997	ナホトカ号事件（ロシア籍のタンカーが日本海で沈没。重油流出）	ル・クレジオ『歌の祭り』
1998	印パ核実験 日本で年間自殺者数が3万人を突破	
1999	日本の東海村核燃料工場で国内初の臨界事故	スピヴァク『ポストコロニアル理性批判』
2000	国連ミレニアム開発目標策定	藤城清治「光る海，光る森」
2001	カナダでメタンハイドレートから世界初のガス産出 米国同時多発テロ。米国がアフガニスタン侵攻	
2002	持続可能な開発に関する世界サミット（WSSD） EUで，廃電気電子機器のリサイクル指令案（WEEE）とカドミウムなどの有害物質の使用禁止指令案（RoHS）が合意	
2003	イラク戦争 ヒト＝ゲノム解読が完了	グリモー『野生の調べ』

2004	新潟県中越地震	エメリッヒ『デイ・アフター・トゥモロー』 ラトゥーシュ『経済成長なき社会発展は可能か？』 ザウパー『ダーウィンの悪夢』
2005	京都議定書発効	
2006		グッゲンハイム『不都合な真実』
2007	アル・ゴアと IPCC がノーベル平和賞を受賞 日本の研究グループが，宇宙太陽光発電のため太陽光をレーザーに効率よく変換できる技術の開発に成功	BBC 制作ドキュメンタリー『アース』
2008	アメリカの大手投資銀行グループ，リーマン・ブラザーズが破綻。世界的金融危機起こる	エンヤ「雪と氷の旋律」 ボイル『スラムドッグ＄ミリオネア』 ロバン『モン・サントの不自然な食べ物』
2010	チュニジアでジャスミン革命。その後アラブ世界各地に現政権への抗議運動が波及（アラブの春）	コトラー他『マーケティング 3.0』
2011	東日本大震災・福島第一原子力発電所で大規模な原子力事故発生	ディスポミエ『ヴァーティカル・ファーム』
2012	国連持続可能な開発会議（リオ＋20） 山中伸弥が iPS 細胞の作製でノーベル生理学・医学賞を受賞	サント『プロミスト・ランド』
2014	中東の過激派組織「イスラム国」の活動が拡大 大阪・泉南のアスベスト訴訟で，最高裁が国の責任を初めて認める 女子教育の権利を唱えるユスフザイが最年少でノーベル平和賞受賞	
2015	国連ミレニアム開発目標が未達成項目を残して満期となる	

《著者紹介》

門脇　仁（かどわき・ひとし）

1961年生まれ。慶應義塾大学仏文科卒。慶應義塾大学出版会編集部，国際開発ジャーナル編集部を経て渡仏。パリ第８大学で人間生態学，持続可能な開発，環境ジャーナリズムなどを学び，応用人間生態学研究科上級研究課程（修士課程）を修了。留学中，フランスの環境ジャーナリスト・作家連盟にあたるJNEに所属。帰国後，国際環境自治体協議会（ICLEI）アジア太平洋事務局次長および（財）地球・人間環境フォーラム主任研究員を経て独立。

現在，おもに環境・開発分野の著作や翻訳を手がける一方，東京理科大学理学部第１部，法政大学人間環境学部およびキャリアデザイン学部，インターナショナル・スクールオブビジネスなどの兼任講師として，環境学，環境文化論，英語，仏語，生物，世界史の講義をおこなっている。

著書：『環境問題の基本がわかる本』（秀和システム），『動き出す「逆モノづくり」』（日刊工業新聞社），『熟練技能をナレッジ化せよ』（日刊工業新聞社）など。
訳書：『エコロジーの歴史』（緑風出版），『終りなき狂牛病』（緑風出版），『環境の歴史』（みすず書房，共訳）など。
ホームページ“*Earth Colors*”：www.hitokado.info

エコカルチャーから見た世界
――思考・伝統・アートで読み解く――

2015年１月10日　初版第１刷発行　〈検印省略〉

定価はカバーに
表示しています

著　者　門　脇　　仁
発行者　杉　田　啓　三
印刷者　田　中　雅　博

発行所　株式会社　ミネルヴァ書房
607-8494　京都市山科区日ノ岡堤谷町１
電話代表（075）581-5191
振替口座　01020-0-8076

創栄図書印刷・藤沢製本

ISBN978-4-623-07255-2

Printed in Japan